（2022年版）

整县分布式光伏接入配电网

典型设计

国网甘肃省电力公司　组编

内 容 提 要

为进一步规范、优化整县分布式光伏接入配电系统技术规范及设计方案，促进电源电网协调发展，争取早日实现“碳达峰”“碳中和”战略目标，国网甘肃省电力公司组织有关科研、设计单位共同编制了《整县分布式光伏接入配电网典型设计（2022 年版）》。

本书主要包含 11 个典型设计方案及配套的技术规范，对整县分布式光伏接入配电系统提出了规范化、标准化的建设要求，并且给出了统一的并网技术标准。全书共分为 13 章，第 1 章为概述，主要是典型设计方案分类及技术原则等的介绍；第 2 章为典型设计依据，主要列出了本书的设计依据性文件与主要设计标准、规程规范；第 3 章至第 13 章为具体方案设计说明、设备（装置）技术要求与说明、功能要求、边界条件和接入方案设计图。

本书可供电力系统各设计单位以及从事电力建设工程规划、管理、安装、生产运行、设备制造及销售等工作的专业人员使用，并可供大专院校相关专业的师生参考。

图书在版编目（CIP）数据

整县分布式光伏接入配电网典型设计：2022 年版 / 国网甘肃省电力公司组编．—北京：中国电力出版社，2022.9
ISBN 978-7-5198-6924-3

Ⅰ．①整…　Ⅱ．①国…　Ⅲ．①太阳能发电–系统设计　Ⅳ．①TM615

中国版本图书馆 CIP 数据核字（2022）第 129535 号

出版发行：中国电力出版社
地　　址：北京市东城区北京站西街 19 号
邮政编码：100005
网　　址：http://www.cepp.sgcc.com.cn
责任编辑：翟巧珍（806636769@qq.com）
责任校对：黄　蓓　常燕昆
装帧设计：郝晓燕
责任印制：石　雷

印　　刷：三河市百盛印装有限公司
版　　次：2022 年 9 月第一版
印　　次：2022 年 9 月北京第一次印刷
开　　本：787 毫米×1092 毫米　横 16 开本
印　　张：6.5
字　　数：98 千字
印　　数：0001—3000 册
定　　价：60.00 元

《整县分布式光伏接入配电网典型设计（2022年版）》编委会

主　　任　张祥全

副 主 任　王赟中

委　　员　朱建军　吴　悦　孙柏林　周静龙　纪青春　吴建军　周　虎
　　　　　赵　军　李　玺　张　武

《整县分布式光伏接入配电网典型设计（2022年版）》工作组

牵头单位　国网甘肃省电力公司

成员单位　国网甘肃省电力公司电力科学研究院

《整县分布式光伏接入配电网典型设计（2022年版）》编审人员

审　　核　朱建军

校　　核　吴建军　范迪龙　马振祺

编　　写　张光儒　王学斌　任浩栋　李雪垠　张家午　陈　杰　黄亚飞
　　　　　孙巍巍　张艳丽　梁有珍　周家戊　高　磊　朱　亮　李亚昕
　　　　　陈青云　张维堂　把明全　杨棋豪

序

甘肃省位于中国西北地区，年太阳能总辐射值大约为4800～6400MJ/m^3，太阳能资源开发潜力巨大。自“十三五”以来，甘肃省扶贫光伏发展成效显著，累计完成126万kW光伏扶贫项目接网，惠及18.8万贫困户，“十三五”期间公司承担的脱贫攻坚任务全部完成、指标全部达标、目标全部实现。扶贫光伏的建设有力推进了分布式光伏的发展。此外，按照2021年8月甘肃省发展改革委发布的《甘肃省分布式整县光伏集中推进试点工作方案》，“十四五”期间甘肃将规划建设整县分布式光伏3086MW。因此，分布式光伏接网工程将是未来配电网工作的重点之一，深入研究分布式光伏接入典型设计具有重要意义。

为深入贯彻落实“双碳”目标，聚焦高质量发展这个主题，加快推进新型电力系统建设，适应配电网有源化发展，国网甘肃省电力公司全面落实新发展理念，确立了建设具有安全可靠、坚固耐用、结构合理、技术先进、灵活可靠、经济高效的现代配电网的战略目标。为实现分布式光伏接入配电网规范化、标准化，统一并网技术标准，提高分布式光伏建设质效，节约电网工程投资，确保分布式光伏与配电网发展和谐统一，由国网甘肃省电力公司配网管理部牵头，国网甘肃省电力公司电力科学研究院具体负责，在充分调研、精心比选、反复论证的基础上，结合省内外分布式光伏建设工程实际，编制了《整县分布式光伏接入配电网典型设计（2022年版）》。

本书的出版，凝聚了国网甘肃省电力公司广大工程技术人员、建设管理人员的集体智慧，是国网甘肃省电力公司执行标准化建设的重要成果之一。希望本书的出版和应用，对进一步提高分布式光伏建设质量和标准，促进配电网健康发展发挥作用，为建设新型电力系统、服务经济社会发展做出积极的贡献。

2022 年 8 月

前　言

为了促进整县分布式光伏接入配电系统规范化、标准化，统一并网技术标准，保障分布式光伏接入系统运行安全，创造分布式光伏接入系统便利条件，缩短并网时间，提高分布式光伏建设的效率和效益；为了节约电网工程投资，提高综合投资效益，确保分布式光伏充分利用，促进分布式光伏与电网发展的和谐统一，争取早日实现“碳达峰”“碳中和”战略目标，国网甘肃省电力公司认真贯彻国家能源发展战略，组织完成《整县分布式光伏接入配电网典型设计（2022 年版）》编制。

本书是在有关分布式光伏的国家政策、相关并网和设计的国家标准、行业标准、企业标准基础上，依据接入电压等级、接入形式、接入容量和接入位置以及是否配置储能等进行典型设计方案编制，并结合接入系统工程的具体情况，形成典型设计方案 11 个。本书可应用于整县分布式光伏接入系统的实际工程设计，随着分布式光伏发展和接入系统技术、设备水平的不断提升，典型设计方案将适时开展修编完善，满足后续应用需求。

在本书编写过程中，得到了国网甘肃省电力公司工程技术人员、建设管理人员的帮助，国网甘肃省电力公司电力科学研究院张力同志为本书封面提供了照片，在此一并致谢。

由于编者水平有限，书中难免存有不妥之处，敬请广大读者批评指正。

编　者

2022 年 7 月

目　录

序

前言

第 1 章　概述 …… 1

1.1　工作目的和意义 …… 1

1.2　原则要求 …… 2

1.3　方案分类 …… 2

1.4　方案名称 …… 4

第 2 章　典型设计依据 …… 6

2.1　设计依据性文件 …… 6

2.2　主要设计标准、规程规范 …… 6

第 3 章　220V 接入架空线路典型设计方案 …… 8

3.1　设计说明 …… 8

3.2　设备（装置）技术要求与说明 …… 8

3.3 功能要求……9
3.4 边界条件……11
3.5 接入方案设计图……12
第 4 章 220V 接入配电箱典型设计方案……15
4.1 设计说明……15
4.2 设备（装置）技术要求与说明……15
4.3 功能要求……16
4.4 边界条件……18
4.5 接入方案设计图……19
第 5 章 380V T 接入架空线路典型设计方案……22
5.1 设计说明……22
5.2 设备（装置）技术要求……22
5.3 功能要求……23
5.4 边界条件……25
5.5 接入方案设计图……26
第 6 章 380V 接入配电箱典型设计方案……29
6.1 设计说明……29
6.2 设备（装置）技术要求……29

6.3 功能要求 …… 30
6.4 边界条件 …… 32
6.5 接入方案设计图 …… 33
第 7 章 380V 直接接入站房间隔典型设计方案 …… 36
7.1 设计说明 …… 36
7.2 设备（装置）技术要求 …… 36
7.3 功能要求 …… 37
7.4 边界条件 …… 39
7.5 接入方案设计图 …… 40
第 8 章 380V 接入站房间隔出线典型设计方案 …… 43
8.1 设计说明 …… 43
8.2 设备（装置）技术要求 …… 43
8.3 功能要求 …… 44
8.4 边界条件 …… 46
8.5 接入方案设计图 …… 47
第 9 章 10kV T 接架空线路典型设计方案 …… 50
9.1 设计说明 …… 50
9.2 设备（装置）技术要求 …… 50

9.3 功能要求……51
9.4 边界条件……54
9.5 接入方案设计图……55
第 10 章 10kV 直接接入站房间隔典型设计方案……58
10.1 设计说明……58
10.2 设备（装置）技术要求……58
10.3 功能要求……59
10.4 边界条件……63
10.5 接入方案设计图……64
第 11 章 10kV 接入站房间隔出线典型设计方案……67
11.1 设计说明……67
11.2 设备（装置）技术要求……67
11.3 功能要求……68
11.4 边界条件……71
11.5 接入方案设计图……72
第 12 章 ±375V 接入直流线路典型设计方案……75
12.1 设计说明……75
12.2 设备（装置）技术要求……75

12.3　功能要求……76
12.4　边界条件……78
12.5　接入方案设计图……79
第 13 章　±375V 接入直流母线典型设计方案……82
13.1　设计说明……82
13.2　设备（装置）技术要求……82
13.3　功能要求……83
13.4　边界条件……85
13.5　接入方案设计图……86

第1章 概述

1.1 工作目的和意义

分布式光伏具有位置分散、单体项目容量小、并网用户类型多样等特点。在整县分布式光伏集中推进的背景下，分布式光伏并网量急剧增加，而相关并网标准、政策还有待完善。

目前，国家电网有限公司已启动整县分布式光伏接入配电网标准体系研究，在接入容量、接入位置、储能配置等方面做出了原则性要求。总结现有整县分布式光伏接入配电网系统设计经验，进一步规范、优化接入设计方案，已经成为一项紧迫的任务。因此，开展了整县分布式光伏接入配电系统典型设计方案的编制。

编制整县分布式光伏接入配电系统典型设计的主要目的：一是创造分布式光伏接入电网便利条件，缩短并网时间，提高分布式电源建设效率和效益；二是促进分布式光伏并网规范化，保障分布式光伏接入电网运行安全；三是节约工程投资，提高综合投资效益，确保分布式光伏充分利用。

推行整县分布式光伏接入配电系统典型设计，对于解决当前分布式光伏项目建设中存在的问题，实现可再生能源利用与电网建设的协调，实现“碳达峰”“碳中和”战略目标、服务于新型城镇化和乡村振兴，为社会发展提供安全、可靠、清洁、优质的电力保障具有重要意义。

1.2 原 则 要 求

（1）典型设计方案的选择应遵循安全可靠的原则，兼顾先进性和灵活性，因地制宜开展新技术与新装备的应用，使分布式光伏具备可观、可测、可控的能力，保障电网稳定运行。

（2）典型设计方案主要针对整县分布式光伏开发模式下分布式光伏发电系统接入公共配电系统，也可用于非整县开发模式下的分布式光伏接入配电系统工程设计。

（3）典型设计方案主要适用于分布式光伏以 10kV 及以下电压等级接入配电网，且单个并网点总装机容量小于 6MW 的分布式光伏接入配电系统工程典型方案设计，分布式光伏发电系统设计应参照接入系统相关技术要求。

1.3 方 案 分 类

整县分布式光伏接入配电网典型设计方案分类主要依据接入电压等级、接入形式、接入容量和接入位置［架空线或站房，其中站房指配电室、环网室（箱）、开关站、箱式变压器、变电站等］，以及是否配置储能等进行。按照上述分类原则，形成典型设计方案 11 个（按接入电压等级分类：220V 交流接入 2 种、380V 交流接入 4 种、10kV 交流接入 3 种、±375V 直流接入 2 种）。在不同方式下，整县分布式光伏接入配电网典型设计方案见表 1－1。

表 1－1　　整县分布式光伏接入配电网典型设计方案

<table>
<tr><th>方案编号</th><th>接入形式</th><th>接入电压</th><th>并网位置</th><th>接入容量</th><th>是否配置储能</th></tr>
<tr><td rowspan="2">1</td><td rowspan="10">交流架空线接入</td><td rowspan="4">220V</td><td rowspan="2">T 接线路</td><td rowspan="4">≤8kW</td><td>否</td></tr>
<tr><td>是</td></tr>
<tr><td rowspan="2">2</td><td rowspan="2">配电箱</td><td>否</td></tr>
<tr><td>是</td></tr>
<tr><td rowspan="2">3</td><td rowspan="4">380V</td><td rowspan="2">T 接线路</td><td rowspan="4">8～400kW</td><td>否</td></tr>
<tr><td>是</td></tr>
<tr><td rowspan="2">4</td><td rowspan="2">配电箱</td><td>否</td></tr>
<tr><td>是</td></tr>
<tr><td rowspan="2">5</td><td rowspan="2">10kV</td><td rowspan="2">T 接线路</td><td rowspan="2">400kW～6MW</td><td>否</td></tr>
<tr><td>是</td></tr>
<tr><td rowspan="2">6</td><td rowspan="8">交流站房接入</td><td rowspan="4">380V</td><td rowspan="2">间隔直接接入</td><td rowspan="4">8～400kW</td><td>否</td></tr>
<tr><td>是</td></tr>
<tr><td rowspan="2">7</td><td rowspan="2">间隔出线接入</td><td>否</td></tr>
<tr><td>是</td></tr>
<tr><td rowspan="2">8</td><td rowspan="4">10kV</td><td rowspan="2">间隔直接接入</td><td rowspan="4">400kW～6MW</td><td>否</td></tr>
<tr><td>是</td></tr>
<tr><td rowspan="2">9</td><td rowspan="2">间隔出线接入</td><td>否</td></tr>
<tr><td>是</td></tr>
<tr><td rowspan="2">10</td><td rowspan="4">直流接入</td><td rowspan="4">±375V</td><td rowspan="2">直流线路接入</td><td rowspan="4">≤500kW</td><td>否</td></tr>
<tr><td>是</td></tr>
<tr><td rowspan="2">11</td><td rowspan="2">直流母线接入</td><td>否</td></tr>
<tr><td>是</td></tr>
</table>

注　站房间隔直接接入是指站房间隔内具备断路器、保护、计量装置等直接接入条件分布式光伏接入时不需额外配置并网接入箱；站房间隔出线接入是指站房间隔内不具备安装断路器、保护、计量装置等条件，分布式光伏接入站房间隔时需配置并网接入箱。

1.4 方 案 名 称

按照方案分类，典型设计方案编号及其内容见表1-2。

表1-2　　典型设计方案编号及其内容

方案序号	方案编号	子方案编号	方案内容
方案一	GF220AC-T	GF220AC-T-N	以220V T接入公共电网220V线路（单相接入），不配置储能
		GF220AC-T-C	以220V T接入公共电网220V线路（单相接入），配置储能
方案二	GF220AC-Z	GF220AC-Z-N	以220V接入公共电网380/220V配电箱（单相接入），不配置储能
		GF220AC-Z-C	以220V接入公共电网380/220V配电箱（单相接入），配置储能
方案三	GF380AC-T	GF380AC-T-N	以380V T接公共电网0.4kV线路，不配置储能
		GF380AC-T-C	以380V T接公共电网0.4kV线路，配置储能
方案四	GF380AC-Z	GF380AC-Z-N	以380V接入公共电网0.4kV配电箱，不配置储能
		GF380AC-Z-C	以380V接入公共电网0.4kV配电箱，配置储能
方案五	GF380AC-ZJ	GF380AC-ZJ-N	380V直接接入站房间隔，不配置储能
		GF380AC-ZJ-C	380V直接接入站房间隔，配置储能
方案六	GF380AC-JC	GF380AC-JC-N	380V直接接入站房间隔出线，不配置储能
		GF380AC-JC-C	380V直接接入站房间隔出线，配置储能
方案七	GF10AC-T	GF10AC-T-N	以10kV T接入公共电网10kV线路，不配置储能
		GF10AC-T-C	以10kV T接入公共电网10kV线路，配置储能

续表

方案序号	方案编号	子方案编号	方案内容
方案八	GF10AC－ZJ	GF10AC－ZJ－N	10kV 直接接入站房间隔（间隔具备接入条件），不配置储能
		GF10AC－ZJ－C	10kV 直接接入站房间隔（间隔具备接入条件），配置储能
方案九	GF10AC－JC	GF10AC－JC－N	10kV 接入站房间隔出线（间隔不具备接入条件），不配置储能
		GF10AC－JC－C	10kV 接入站房间隔出线（间隔不具备接入条件），配置储能
方案十	GF±375DC－T	GF±375DC－T－N	±375V 接入直流线路，不配置储能
		GF±375DC－T－C	±375V 接入直流线路，配置储能
方案十一	GF±375DC－Z	GF±375DC－Z－N	±375V 接入直流母线，不配置储能
		GF±375DC－Z－C	±375V 接入直流母线，配置储能

注　GF—光伏，AC—交流，DC—直流，T—T 接，Z—接入母线，ZJ—直接接入站房间隔，JC—接入站房间隔出线，C—配置储能，N—不配置储能。

第 2 章 典型设计依据

2.1 设计依据性文件

《国家电网有限公司关于印发积极支持科学服务整县屋顶分布式光伏开发工作指引的通知》（国家电网办〔2021〕564 号）

《国家电网有限公司关于印发支持服务整县屋顶分布式光伏开发重点任务的通知》（国家电网办〔2021〕565 号）

2.2 主要设计标准、规程规范

下列文件对于本文件的应用是必不可少的。凡是注日期的引用文件，仅所注日期的版本适用于本文件。凡是不注日期的引用文件，其最新版本（包括所有的修改单）适用于本文件。

GB/T 33592　分布式电源并网运行控制规范

GB/T 33593　分布式电源并网技术要求

GB/T 33982　分布式电源并网继电保护技术规范

NB/T 32015　分布式电源接入配电网技术规定

DL/T 448　电能计量装置技术管理规程

DL/T 614　多功能电能表

DL/T 698.45　电能信息采集与管理系统　第 4－5 部分：通信协议——面向对象的数据交换协议

Q/GDW 380.2　电力用户用电信息采集系统管理规范　第二部分：通信信道建设管理规范

Q/GDW 625　配电自动化建设与改造标准化设计技术规定

Q/GDW1564　储能系统接入配电网技术规定

Q/GDW10666　分布式光伏接入配电网测试技术规范

Q/GDW 10667　分布式电源接入配电网运行控制规范

Q/GDW 11147　分布式电源接入配电网设计规范

第 3 章 220V 接入架空线路典型设计方案

3.1 设 计 说 明

220V 接入架空线路典型设计方案编号为 GF220AC－T。根据是否配置储能，分为两个子方案：子方案一为不配置储能时的设计方案，方案编号为 GF220AC－T－N；子方案二为配置储能时的设计方案，方案编号为 GF220AC－T－C。

3.2 设备（装置）技术要求与说明

220V 接入架空线路典型设计方案的设备（装置）技术要求与说明见表 3－1。

表 3－1　　220V 接入架空线路典型设计方案的设备（装置）技术要求与说明

设备（装置）名称		型号及规格	要求
并网接入箱	隔离开关	63A/2P	按需选型
	并网智能断路器	63A/2P	按需选型

续表

设备（装置）名称		型号及规格	要求
并网接入箱	电能表	单相，双向计量，0.5S 级	按需选型
	浪涌保护器	T1 级	按需配置

3.3　功 能 要 求

3.3.1　系统继电保护及安全

（1）220V 线路保护。分布式光伏以 220V 电压等级接入架空线路时，并网点和公共连接点的断路器应具备短路瞬时、长延时保护功能和分励脱扣等功能，应配置具备反应故障及运行状态辅助触点，按实际需求配置失电压/过电压跳闸、低压闭锁合闸及远方控制等功能，同时应配置剩余电流保护装置。

（2）防孤岛检测及安全自动装置。分布式光伏、储能系统（逆变器、变流器）或智能断路器必须具备快速检测孤岛且检测到孤岛后立即断开与电网连接的能力，其防孤岛方案应与继电保护配置、频率电压异常紧急控制装置配置和低电压穿越等相配合，时限上互相匹配，符合技术标准要求。

（3）为了防止雷击感应影响二次设备安全性及可靠性，全部金属物包括设备、机架、金属管道、电缆的金属铠装层等均应单独与接地网可靠连接。

（4）220V 电压等级接入架空线路的不独立配置安全自动装置。

3.3.2 信息采集与控制

（1）信息采集。以 220V 电压等级接入架空线路的分布式光伏，可通过台区智能融合终端实时采集光伏并网智能断路器和电能表信息，并能自动汇集后上传，主要包括开关量状态、电流、电压和发电量等信息。

（2）控制要求。以 220V 电压等级接入架空线路的分布式光伏应根据管理要求具备接受控制的功能，可通过并网智能断路器实现控制。

（3）信息传输方式。并网智能断路器可将电压、电流、开关状态等信息采集并上传至台区智能融合终端，并由台区智能融合终端转发至配电自动化主站。电能表计可将电压、电流、电能量等信息采集并上传至台区智能融合终端，并由台区智能融合终端转发至用电信息采集系统。分布式光伏远动信息至台区智能融合终端宜采用电力载波通信方式，也可采用 RS485、微功率无线等方式；智能融合终端至配电自动化主站和用电信息采集系统宜采用无线公网或专网方式。

3.3.3 系统通信

通信宜采用无线公网或专网。无线网络的通信方式应满足 Q/GDW 625《配电自动化建设与改造标准化设计技术规定》和 Q/GDW 380.2《电力用户用电信息采集系统管理规范　第二部分：通信信道建设管理规范》的相关规定，采取可靠的安全隔离和认证措施，支持用户优先级管理。

3.3.4 电能计量

（1）安装位置。分布式光伏以 220V 电压等级接入架空线路时，在产权分界点设置关口计量点（一般为光伏并网点，最终按用

户与业主计量协议为准）。

（2）技术要求。计量点电能表准确度等级不应低于有功 0.5S 级，无功 2.0 级。单相电能表采用智能电能表，至少应具备双向有功和四象限无功计量功能、事件记录功能，应具备电流、电压、电量等信息采集功能，配有标准通信接口，具备本地通信和远程通信的功能，电能表通信协议符合 DL/T 698.45《电能信息采集与管理系统　第 4－5 部分：通信协议——面向对象的数据交换协议》。电能表采集信息应接入电网管理部门电力用户用电信息采集系统及配电自动化系统。

3.3.5　其他

（1）本方案中分布式光伏通过导线进入光伏并网接入箱，应采用穿管敷设，穿线管插入箱内进线开关室的长度不小于 2cm 并能可靠固定。

（2）光伏并网接入箱应具有警示标记和提示用语，同一地区范围内应做到内容、图案、颜色及字体统一。

（3）同一地区范围内选择统一的防盗锁具和铅封。

3.4　边　界　条　件

3.4.1　接入容量

对于容量小于 8kW 的分布式光伏，可以单相 220V 交流形式接入公共电网，并网点应根据消纳能力及周边电网情况进行灵活选择。

3.4.2 接入位置

接入位置为 T 接入公共电网线路。

3.4.3 储能配置

储能配置规模按照以不出现长时间大规模反送、不增加系统调峰负担为原则，综合考虑开发规模、负荷特性等因素，按照装机容量的 15%～30%（根据发展阶段适时调整）、时长 2～4h 配置储能设施。

3.5 接入方案设计图

3.5.1 子方案一

子方案一为分布式光伏以 220V 接入架空线路，不配置储能的典型设计方案，接入方案设计图见图 3-1。

3.5.2 子方案二

子方案二为分布式光伏以 220V 接入架空线路，配置储能的典型设计方案，接入方案设计图见图 3-2。

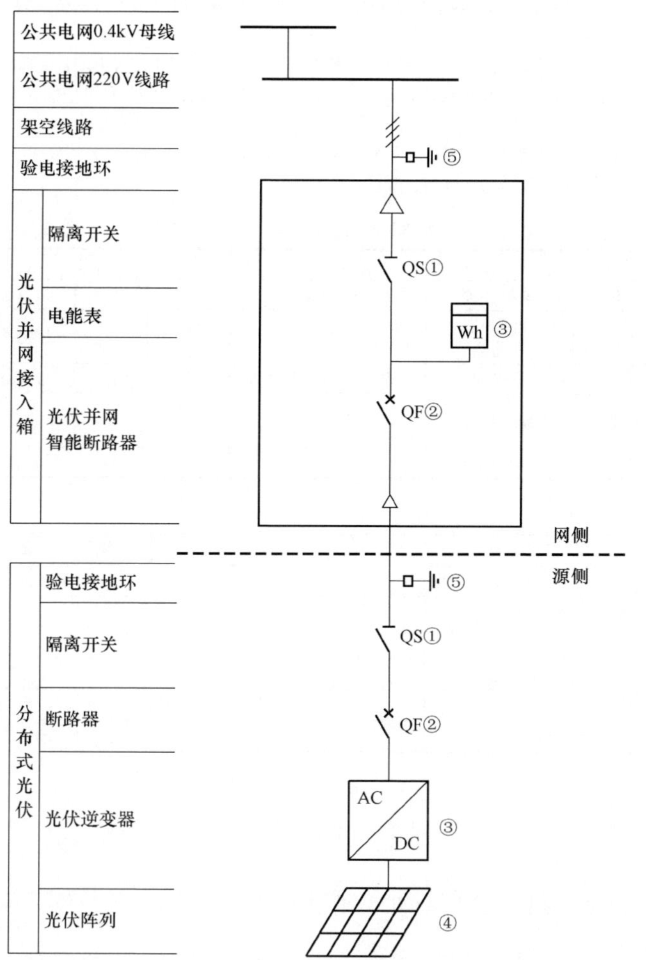

说明 1. 本方案适用于 8kW 及以下容量的分布式光伏以 220V 电压等级单相 T 接入公共电网 220V 线路，不配置储能的形式。
2. 当光伏系统（逆变器）或并网智能断路器能实现防孤岛功能时，可不用再另配置防孤岛装置。
3. 光伏并网接入箱安装于光伏侧光伏逆变器汇流点处，实际安装位置可根据现场条件进行调整。
4. 当分布式光伏并网公共连接点配置负荷开关时，宜改造为断路器并满足相应要求。
5. 具体的电气配置根据现场实际按需配置。

网 侧 设 备 配 置

编号	代号	名称	规格及型号	数量	单位	备注
①	QS	隔离开关	63A/2P	1	台	按需选型
②	QF	并网智能断路器	63A/2P	1	台	按需选型
③	Wh	电能表	单相，双向计量，0.5S	1	只	按需选型
④	SPD	浪涌保护器	T1 级	1	套	按需配置，图中未标出
⑤	PE	验电接地环		1	组	按需选型

源 侧 设 备 配 置

编号	代号	名称	规格及型号	数量	单位	备注
①	QS	隔离开关			组	按需选型
②	QF	断路器			台	按需选型
③	DC/AC	光伏逆变器			台	按需选型
④		光伏阵列				
⑤	PE	验电接地环		1	组	按需选择

图 例

AC/DC 逆变器　QS 隔离开关　Wh 电能表　验电接地环

QF 断路器　光伏阵列　CN 储能装置

图 3－1　以 220V T 接入公共电网 220V 线路（单相接入），不配置储能（GF220AC－T－N）

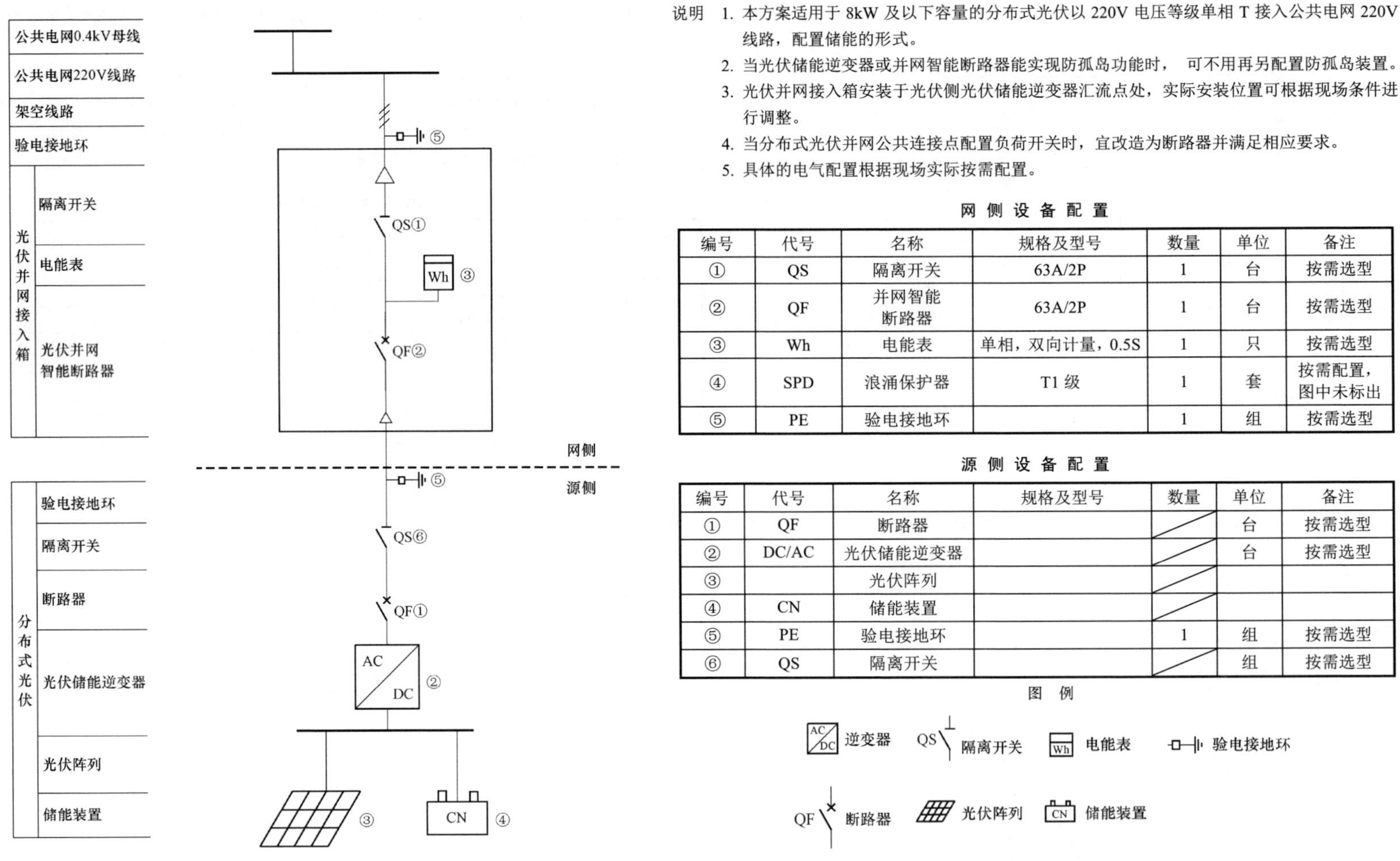

说明 1. 本方案适用于 8kW 及以下容量的分布式光伏以 220V 电压等级单相 T 接入公共电网 220V 线路，配置储能的形式。

2. 当光伏储能逆变器或并网智能断路器能实现防孤岛功能时，可不用再另配置防孤岛装置。
3. 光伏并网接入箱安装于光伏侧光伏储能逆变器汇流点处，实际安装位置可根据现场条件进行调整。
4. 当分布式光伏并网公共连接点配置负荷开关时，宜改造为断路器并满足相应要求。
5. 具体的电气配置根据现场实际按需配置。

网 侧 设 备 配 置

编号	代号	名称	规格及型号	数量	单位	备注
①	QS	隔离开关	63A/2P	1	台	按需选型
②	QF	并网智能断路器	63A/2P	1	台	按需选型
③	Wh	电能表	单相，双向计量，0.5S	1	只	按需选型
④	SPD	浪涌保护器	T1 级	1	套	按需配置，图中未标出
⑤	PE	验电接地环		1	组	按需选型

源 侧 设 备 配 置

编号	代号	名称	规格及型号	数量	单位	备注
①	QF	断路器			台	按需选型
②	DC/AC	光伏储能逆变器			台	按需选型
③		光伏阵列				
④	CN	储能装置				
⑤	PE	验电接地环		1	组	按需选型
⑥	QS	隔离开关			组	按需选型

图 3-2　以 220V T 接入公共电网 220V 线路（单相接入），配置储能（GF220AC-T-C）

第 4 章 220V 接入配电箱典型设计方案

4.1 设 计 说 明

220V 接入配电箱典型设计方案编号为 GF220AC－Z。根据是否配置储能，分为两个子方案：子方案一为不配置储能时的设计方案，方案编号为 GF220AC－Z－N；子方案二为配置储能时的设计方案，方案编号为 GF220AC－Z－C。

4.2 设备（装置）技术要求与说明

220V 接入配电箱典型设计方案设备（装置）技术要求与说明见表 3－1。

4.3 功 能 要 求

4.3.1 系统继电保护及安全

（1）220V 线路保护。分布式光伏以 220V 电压等级通过配电箱接入电网时，并网点和公共连接点的断路器应具备短路瞬时、长延时保护功能和分励脱扣等功能，应配置具备反应故障及运行状态辅助触点，按实际需求配置失电压/过电压跳闸、低压闭锁合闸及远方控制等功能，同时应配置剩余电流保护装置。

（2）防孤岛检测及安全自动装置。分布式光伏、储能系统（逆变器、变流器）或智能断路器必须具备快速检测孤岛且检测到孤岛后立即断开与电网连接的能力，其防孤岛方案应与继电保护配置、频率电压异常紧急控制装置配置和低电压穿越等相配合，时限上互相匹配，符合技术标准要求。

（3）为了防止雷击感应影响二次设备安全性及可靠性，全部金属物包括设备、机架、金属管道、电缆的金属铠装层等均应单独与接地网可靠连接。

（4）220V 电压等级通过配电箱接入的不独立配置安全自动装置。

4.3.2 信息采集与控制

（1）信息采集。以 220V 电压等级通过配电箱接入的分布式光伏，可通过台区智能融合终端实时采集光伏并网智能断路器和电能表信息，并能自动汇集后上传，主要包括开关量状态、电流、电压和发电量等信息。

（2）控制要求。以 220V 电压等级通过配电箱接入的分布式光伏应根据管理要求具备接受控制的功能，可通过并网智能断路器实现控制。

（3）信息传输方式。并网智能断路器可将电压、电流、开关状态等信息采集上传至台区智能融合终端，并由台区智能融合终端转发至配电自动化主站。电能表计可将电压、电流、电能量等信息采集上传至台区智能融合终端，并由台区智能融合终端转发至用电信息采集系统。分布式光伏远动信息至台区智能融合终端宜采用电力载波通信方式，也可采用 RS485、微功率无线等方式；智能融合终端至配电自动化主站和用电信息采集系统宜采用无线公网或专网方式。

4.3.3　系统通信

通信宜采用无线公网或专网。无线网络的通信方式应满足 Q/GDW 625《配电自动化建设与改造标准化设计技术规定》和 Q/GDW 380.2《电力用户用电信息采集系统管理规范　第二部分：通信信道建设管理规范》的相关规定，采取可靠的安全隔离和认证措施，支持用户优先级管理。

4.3.4　电能计量

（1）安装位置。分布式光伏以 220V 电压等级通过配电箱接入公网时，在产权分界点设置关口计量点（一般为光伏并网点，最终按用户与业主计量协议为准）。

（2）技术要求。计量点电能表准确度等级不应低于有功 0.5S 级，无功 2.0 级。单相电能表采用智能电能表，至少应具备双向有功和四象限无功计量功能、事件记录功能，应具备电流、电压、电量等信息采集功能，配有标准通信接口，具备本地通信和远程通信的功能，电能表通信协议符合 DL/T 698.45《电能信息采集与管理系统　第 4－5 部分：通信协议——面向对象的数据交换协议》。

电能表采集信息应接入电网管理部门电力用户用电信息采集系统及配电自动化系统。

4.3.5 其他

（1）专线光伏并网接入箱接入配电箱时，应采用可靠固定的线缆及电缆接头。

（2）光伏并网接入箱应具有警示标记和提示用语，同一地区范围内应做到内容、图案、颜色及字体统一。

（3）同一地区范围内选择统一的防盗锁具和铅封。

4.4 边界条件

4.4.1 接入容量

对于容量小于8kW的分布式光伏，可以单相220V交流形式接入公共电网，并网点应根据消纳能力及周边电网情况进行灵活选择。

4.4.2 接入位置

接入位置为接入公共电网配电箱。

4.4.3 储能配置

储能配置详见3.4.3。

4.5　接入方案设计图

4.5.1　子方案一

子方案一为分布式光伏以 220V 接入配电箱，不配置储能的典型设计方案，接入方案设计图见图 4－1。

4.5.2　子方案二

子方案二为分布式光伏以 220V 接入配电箱，配置储能的典型设计方案，接入方案设计图见图 4－2。

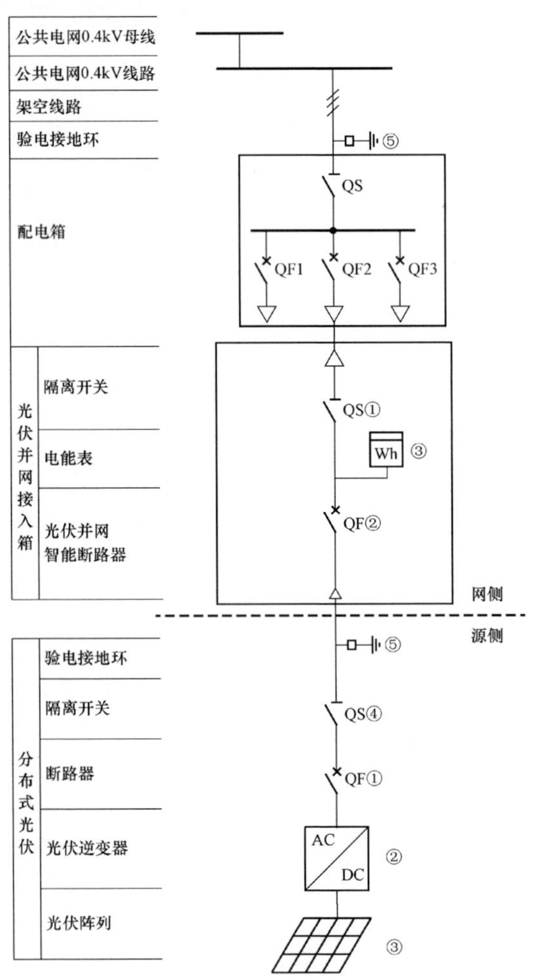

说明 1. 本方案适用于 8kW 及以下容量的分布式光伏以 380/220V 电压等级单相接入公共电网 380/220V 配电箱，不配置储能的形式。

2. 当光伏系统（逆变器）或并网智能断路器能实现防孤岛功能时，可不用再另配置防孤岛装置。

3. 光伏并网接入箱安装于光伏侧光伏逆变器汇流点处，实际安装位置可根据现场条件进行调整。

4. 当分布式光伏并网公共连接点配置负荷开关时，宜改造为断路器并满足相应要求。

5. 具体的电气配置根据现场实际按需配置。

网 侧 设 备 配 置

编号	代号	名称	规格及型号	数量	单位	备 注
①	QS	隔离开关	63A/2P	1	台	按需选型
②	QF	并网智能断路器	63A/2P	1	台	按需选型
③	Wh	电能表	单相，双向计量，0.5S	1	只	按需选型
④	SPD	浪涌保护器	T1 级	1	套	可选，图中未标出
⑤	PE	验电接地环		1	组	按需选型

源 侧 设 备 配 置

编号	代号	名称	规格及型号	数量	单位	备 注
①	QF	断路器			台	按需选型
②	DC/AC	光伏逆变器			台	按需选型
③		光伏阵列				
④	QS	隔离开关			组	按需选型
⑤	PE	验电接地环		1	组	按需选型

图 例

AC/DC 逆变器　QS 隔离开关　Wh 电能表　验电接地环

QF 断路器　光伏阵列　CN 储能装置

图 4-1　以 220V 接入公共电网 380/220V 配电箱（单相接入），不配置储能（GF220AC-Z-N）

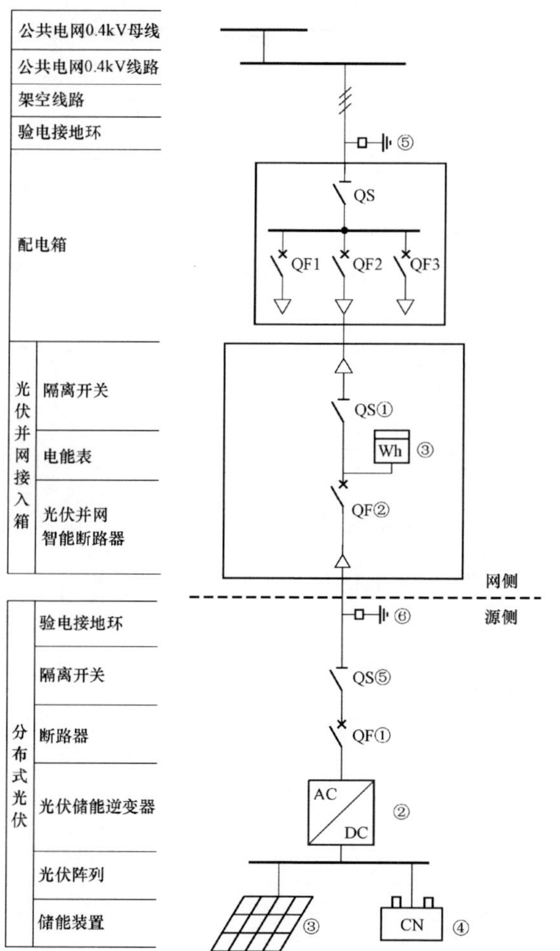

说明　1. 本方案适用于 8kW 及以下容量的分布式光伏以 380/220V 电压等级单相接入公共电网 380/220V 配电箱，配置储能的形式。

2. 当光伏储能逆变器或并网智能断路器能实现防孤岛功能时，可不用再另配置防孤岛装置。

3. 光伏并网接入箱安装于光伏侧光伏储能逆变器汇流点处，实际安装位置可根据现场条件进行调整。

4. 当分布式光伏并网公共连接点配置负荷开关时，宜改造为断路器并满足相应要求。

5. 具体的电气配置根据现场实际按需配置。

网 侧 设 备 配 置

编号	代号	名称	规格及型号	数量	单位	备注
①	QS	隔离开关	63A/2P	1	台	按需选型
②	QF	并网智能断路器	63A/2P	1	台	按需选型
③	Wh	电能表	单相，双向计量，0.5S	1	只	按需选型
④	SPD	浪涌保护器	T1 级	1	套	可选，图中未标出
⑤	PE	验电接地环		1	组	按需选型

源 侧 设 备 配 置

编号	代号	名称	规格及型号	数量	单位	备注
①	QF	断路器			台	按需选型
②	DC/AC	光伏储能逆变器			台	按需选型
③		光伏阵列				
④	CN	储能装置				
⑤	QS	隔离开关			组	按需选型
⑥	PE	验电接地环		1	组	按需选择

图　例

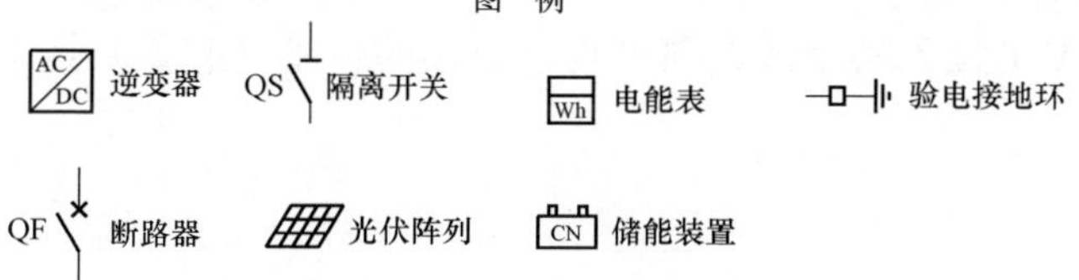

图 4－2　以 220V 接入公共电网 380/220V 配电箱（单相接入），配置储能（GF220AC－Z－C）

第 5 章
380V T 接入架空线路典型设计方案

5.1 设 计 说 明

380V T 接入架空线路典型设计方案编号为 GF380AC－T。根据是否配置储能，分为两个子方案：子方案一为不配置储能时的设计方案，方案编号为 GF380AC－T－N；子方案二为配置储能时的设计方案，方案编号为 GF380AC－T－C。

5.2 设备（装置）技术要求

380V T 接入架空线路典型设计方案的设备（装置）技术要求与说明见表 5－1。

表 5－1　　380V T 接入架空线路典型设计方案的设备（装置）技术要求与说明

设备（装置）名称		型号及规格	要求
并网接入箱	隔离开关	630A/3P－N	按需选型
	并网智能断路器	630A/3P－N（带剩余电流动作保护功能）	按需选型
	电流互感器	0.5S 级	按需选型
	电能表	三相，双向计量，0.5S 级	按需选型
	浪涌保护器	T1 级	按需配置

5.3　功　能　要　求

5.3.1　系统继电保护及安全

（1）380V 线路保护。分布式光伏以 380V 电压等级接入架空线路时，并网点和公共连接点的断路器应具备短路瞬时、长延时保护功能和分励脱扣等功能，应配置具备反应故障及运行状态辅助触点，按实际需求配置失电压/过电压跳闸、低压闭锁合闸及远方控制等功能，同时应配置剩余电流保护装置。

（2）防孤岛检测及安全自动装置。分布式光伏、储能系统（逆变器、变流器）或智能断路器必须具备快速检测孤岛且检测到孤岛后立即断开与电网连接的能力，其防孤岛方案应与继电保护配置、频率电压异常紧急控制装置配置和低电压穿越等相配合，时限上互相匹配，符合技术标准要求。

（3）为了防止雷击感应影响二次设备安全性及可靠性，全部金属物包括设备、机架、金属管道、电缆的金属铠装层等均应单独与接地网可靠连接。

（4）380V 电压等级接入架空线路的不独立配置安全自动装置。

5.3.2 信息采集与控制

（1）信息采集。以 380V 电压等级接入架空线路的分布式光伏，可通过台区智能融合终端实时采集光伏并网智能断路器和电能表信息，并能自动汇集后上传，主要包括开关量信息、电流、电压和发电量等信息。

（2）控制要求。以 380V 电压等级接入架空线路的分布式光伏应根据管理要求具备接受控制的功能，可通过并网智能断路器完成台区智能融合终端下达的控制指令。

（3）信息传输方式。并网智能断路器将电压、电流、开关状态等信息采集并上传至台区智能融合终端，并由台区智能融合终端转发至配电自动化主站。电能表计将电压、电流、电能量等信息采集并上传至台区智能融合终端，并由台区智能融合终端转发至用电信息采集系统。分布式光伏远动信息至台区智能融合终端宜采用电力载波通信方式，也可采用 RS485、微功率无线等方式；智能融合终端至配电自动化主站和用电信息采集系统宜采用无线公网或专网方式。

5.3.3 系统通信

通信宜采用无线公网或专网。无线网络的通信方式应满足 Q/GDW 625《配电自动化建设与改造标准化设计技术规定》和 Q/GDW 380.2《电力用户用电信息采集系统管理规范　第二部分：通信信道建设管理规范》的相关规定，采取可靠的安全隔离和认证措施，支持用户优先级管理。

5.3.4　电能计量

（1）安装位置。分布式光伏以 380V 电压等级接入架空线路时，在产权分界点设置关口计量点（一般为光伏并网点，最终按用户与业主计量协议为准）。

（2）技术要求。计量点电能表准确度等级不应低于有功 0.5S 级，无功 2.0 级，计量电流互感器准确度不应低于 0.5S 级。三相电能表采用智能电能表，至少应具备双向有功和四象限无功计量功能、事件记录功能，应具备电流、电压、电量等信息采集功能，配有标准通信接口，具备本地通信和远程通信的功能，电能表通信协议符合 DL/T 698.45《电能信息采集与管理系统　第 4－5 部分：通信协议——面向对象的数据交换协议》。电能表采集信息应接入电网管理部门电力用户用电信息采集系统。

5.3.5　其他

（1）专线光伏并网接入箱采用电缆进线时，应在箱内进线开关室可靠固定电缆及电缆接头。

（2）光伏并网接入箱应具有警示标记和提示用语，同一地区范围内应做到内容、图案、颜色及字体统一。

（3）同一地区范围内选择统一的防盗锁具和铅封。

5.4　边　界　条　件

5.4.1　接入容量

对于容量在 8～400kW 的分布式光伏，可以三相 380V 低压交流形式接入公共电网，并网点应根据消纳能力及周边电网情况进行灵活选择。

5.4.2 接入位置

接入位置为 T 接入公共电网线路。

5.4.3 储能配置

储能配置详见 3.4.3。

5.5 接入方案设计图

5.5.1 子方案一

子方案一为分布式光伏以 380V T 接入架空线路，不配置储能的典型设计方案，接入方案设计图见图 5－1。

5.5.2 子方案二

子方案二为分布式光伏以 380V T 接入架空线路，配置储能的典型设计方案，接入方案设计图见图 5－2。

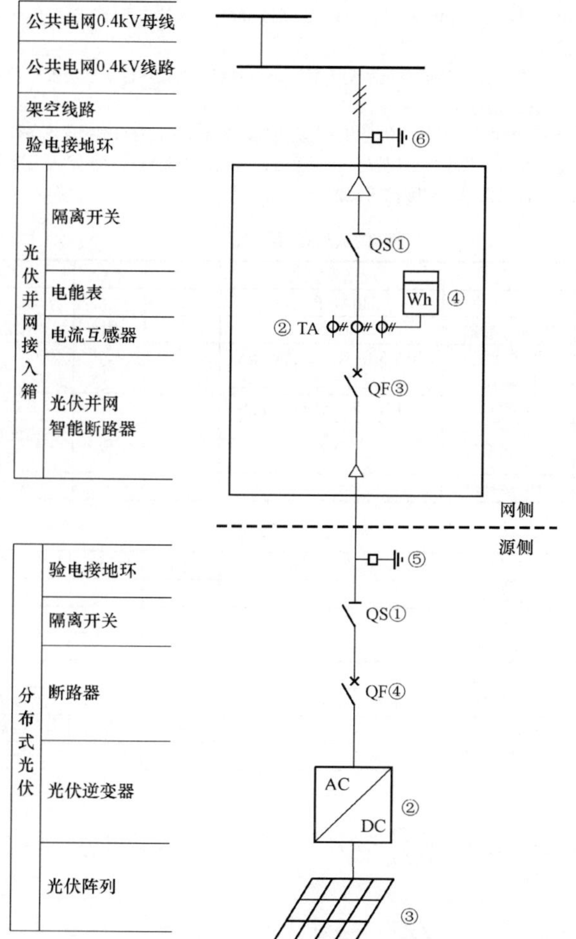

说明　1. 本方案适用于容量在8～400kW的分布式光伏以380V电压等级T接入公共电网380V线路，不配置储能的形式。

2. 当光伏系统（逆变器）或并网智能断路器能实现防孤岛功能时，可不用再另配置防孤岛装置。

3. 光伏并网接入箱安装于光伏侧光伏逆变器汇流点处，实际安装位置可根据现场条件进行调整。

4. 当分布式光伏并网公共连接点配置负荷开关时，宜改造为断路器并满足相应要求。

5. 具体的电气配置根据现场实际按需配置。

网 侧 设 备 配 置

编号	代号	名称	规格及型号	数量	单位	备 注
①	QS	隔离开关	630A/3P－N	1	台	按需选型
②	TA	电流互感器	0.5S	1	组	按需选型
③	QF	并网智能断路器	630A/3P－N（带剩余电流动作保护）	1	台	按需选型
④	Wh	电能表	三相，双向计量，0.5S	1	只	按需选型
⑤	SPD	浪涌保护器	T1 级	1	套	按需配置，图中未标出
⑥	PE	验电接地环		1	组	按需选型

源 侧 设 备 配 置

编号	代号	名称	规格及型号	数量	单位	备注
①	QF	断路器			台	按需选型
②	DC/AC	光伏逆变器			台	按需选型
③		光伏阵列				
④	QS	隔离开关			组	按需选型
⑤	PE	验电接地环		1	组	按需选择

图　例

TA 电流互感器　逆变器　QS 隔离开关　Wh 电能表

QF 断路器　光伏阵列　CN 储能装置　验电接地环

图 5－1　以 380V T 接入公共电网 0.4kV 线路，不配置储能（GF380AC－T－N）

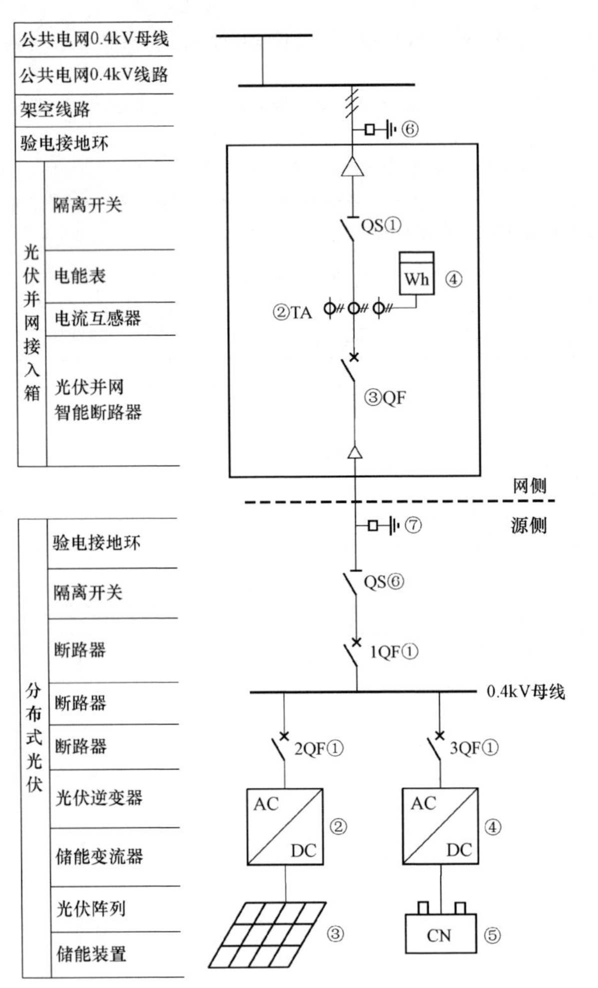

说明 1. 本方案适用于容量在8～400kW的分布式光伏以380V电压等级T接入公共电网380V线路，配置储能的形式。

2. 当光伏系统（逆变器）、储能系统（变流器）或并网智能断路器能实现防孤岛功能时，可不用再另配置防孤岛装置。

3. 光伏并网接入箱安装于光伏侧光伏变流器汇流点处，实际安装位置可根据现场条件进行调整。

4. 当分布式光伏并网公共连接点配置负荷开关时，宜改造为断路器并满足相应要求。

5. 具体的电气配置根据现场实际按需配置。

网 侧 设 备 配 置

编号	代号	名称	规格及型号	数量	单位	备注
①	QS	隔离开关	630A/3P－N	1	台	按需选型
②	TA	电流互感器	0.5S	1	组	按需选型
③	QF	并网智能断路器	630A/3P－N（带剩余电流动作保护）	1	台	按需选型
④	Wh	电能表	三相，双向计量，0.5S	1	只	按需选型
⑤	SPD	浪涌保护器	T1 级	1	套	按需配置，图中未标出
⑥	PE	验电接地环		1	组	按需选型

源 侧 设 备 配 置

编号	代号	名称	规格及型号	数量	单位	备注
①	QF	断路器			台	按需选型
②	DC/AC	光伏逆变器			台	按需选型
③		光伏阵列				按需选择
④	DC/AC	储能变流器				按需选择
⑤	CN	储能装置				按需选择
⑥	QS	隔离开关			组	按需选型
⑦	PE	验电接地环		1	组	按需选择

图 例

TA 电流互感器　AC/DC 逆变器　QS 隔离开关　Wh 电能表

QF 断路器　光伏阵列　CN 储能装置　验电接地环

图 5－2 以 380V T 接入公共电网 380V 线路，配置储能（GF380AC－T－C）

第6章
380V接入配电箱典型设计方案

6.1 设计说明

380V接入配电箱典型设计方案编号为GF380AC－Z。根据是否配置储能，分为两个子方案：子方案一为不配置储能时的设计方案，方案编号为GF380AC－Z－N；子方案二为配置储能时的设计方案，方案编号为GF380AC－Z－C。

6.2 设备（装置）技术要求

380V接入配电箱典型设计方案设备（装置）技术要求与说明见表5－1。

6.3 功 能 要 求

6.3.1 系统继电保护及安全

（1）380V线路保护。分布式光伏以380V电压等级接入配电箱时，并网点和公共连接点的断路器应具备短路瞬时、长延时保护功能和分励脱扣等功能，应配置具备反应故障及运行状态辅助触点，按实际需求配置失电压/过电压跳闸、低压闭锁合闸及远方控制等功能，同时应配置剩余电流保护装置。

（2）防孤岛检测及安全自动装置。分布式光伏、储能系统（逆变器、变流器）或智能断路器必须具备快速检测孤岛且检测到孤岛后立即断开与电网连接的能力，其防孤岛方案应与继电保护配置、频率电压异常紧急控制装置配置和低电压穿越等相配合，时限上互相匹配，符合技术标准要求。

（3）为了防止雷击感应影响二次设备安全性及可靠性，全部金属物包括设备、机架、金属管道、电缆的金属铠装层等均应单独与接地网可靠连接。

（4）380V电压等级接入配电箱的不独立配置安全自动装置。

6.3.2 信息采集与控制

（1）信息采集。以380V电压等级接入配电箱的分布式光伏，可通过台区智能融合终端实时采集光伏并网开关和电能表信息，并能自动汇集后上传，主要包括开关量信息、电流、电压和发电量等信息。

（2）控制要求。以 380V 电压等级接入配电箱的分布式光伏应根据管理要求具备接受控制的功能，可通过并网智能断路器实现控制。

（3）信息传输方式。并网智能断路器将电压、电流、开关状态等信息采集并上传至台区智能融合终端，并由台区智能融合终端转发至配电自动化主站。电能表计将电压、电流、电能量等信息采集并上传至台区智能融合终端，并由台区智能融合终端转发至用电信息采集系统。分布式光伏远动信息至台区智能融合终端宜采用电力载波通信方式，也可采用 RS485、微功率无线等方式；智能融合终端至配电自动化主站和用电信息采集系统宜采用光纤、无线公网或专网方式。

6.3.3　系统通信

通信宜采用无线公网或专网。无线网络的通信方式应满足 Q/GDW 625《配电自动化建设与改造标准化设计技术规定》和 Q/GDW 380.2《电力用户用电信息采集系统管理规范　第二部分：通信信道建设管理规范》的相关规定，采取可靠的安全隔离和认证措施，支持用户优先级管理。

6.3.4　电能计量

（1）安装位置。分布式光伏以 380V 电压等级接入配电箱时，在产权分界点设置关口计量点（一般为光伏并网点，最终按用户与业主计量协议为准）。

（2）技术要求。计量点电能表准确度等级不应低于有功 0.5S 级，无功 2.0 级，计量电流互感器准确度不应低于 0.5S 级。三相电能表采用智能电能表，至少应具备双向有功和四象限无功计量功能、事件记录功能，应具备电流、电压、电量等信息采集功能，配有标准通信接口，具备本地通信和远程通信的功能，电能表通信协议符合 DL/T 698.45《电能信息采集与管理系统　第 4－5 部分：通信协议——面向对象的数据交换协议》。电能表采集信息应接入电网管理部门电力用户用电信息采集系统。

6.3.5 其他

（1）专线光伏并网接入箱采用电缆进线时，应在箱内进线开关室可靠固定电缆及电缆接头。

（2）光伏并网接入箱应具有警示标记和提示用语，同一地区范围内应做到内容、图案、颜色及字体统一。

（3）同一地区范围内选择统一的防盗锁具和铅封。

6.4 边 界 条 件

6.4.1 接入容量

对于容量在 8～400kW 的分布式光伏，可以三相 380V 低压交流形式接入公共电网，并网点应根据消纳能力及周边电网情况进行灵活选择。

6.4.2 接入位置

接入位置为接入公共电网配电箱。

6.4.3 储能配置

储能配置详见 3.4.3。

6.5　接入方案设计图

6.5.1　子方案一

子方案一为分布式光伏以 380V 接入配电箱，不配置储能的典型设计方案，接入方案设计图见图 6－1。

6.5.2　子方案二

子方案二为分布式光伏以 380V 接入配电箱，配置储能的典型设计方案，接入方案设计图见图 6－2。

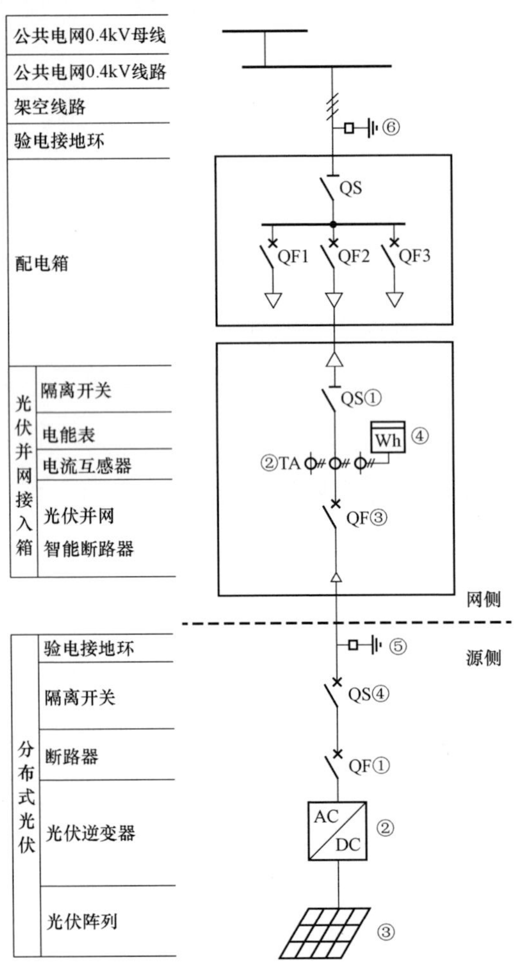

说明 1. 本方案适用于容量在 8～400kW 的分布式光伏以 380V 电压等级接入公共电网 380V 配电箱，不配置储能的形式。

2. 当光伏系统（逆变器）或并网智能断路器能实现防孤岛功能时，可不用再另配置防孤岛装置。

3. 光伏并网接入箱安装于光伏侧光伏变流器汇流点处，实际安装位置可根据现场条件进行调整。

4. 当分布式光伏并网公共连接点配置负荷开关时，宜改造为断路器并满足相应要求。

5. 具体的电气配置根据现场实际按需配置。

网 侧 设 备 配 置

编号	代号	名称	规格及型号	数量	单位	备注
①	QS	隔离开关	630A/3P－N	1	台	按需选型
②	TA	电流互感器	0.5S	1	组	按需选型
③	QF	并网智能断路器	630A/3P－N（带剩余电流动作保护）	1	台	按需选型
④	Wh	电能表	三相，双向计量，0.5S	1	只	按需选型
⑤	SPD	浪涌保护器	T1 级	1	套	按需配置，图中未标出
⑥	PE	验电接地环		1	组	按需选型

源 侧 设 备 配 置

编号	代号	名称	规格及型号	数量	单位	备注
①	QF	断路器		/	台	按需选型
②	AC/DC	光伏逆变器		/	台	按需选型
③		光伏阵列		/		
④	QS	隔离开关		/	组	按需选型
⑤	PE	验电接地环		1	组	按需选择

图 例

TA 电流互感器　逆变器　QS 隔离开关　电能表

QF 断路器　光伏阵列　储能装置　验电接地环

图 6－1　以 380V 接入公共电网 0.4kV 配电箱，不配置储能（GF380AC－Z－N）

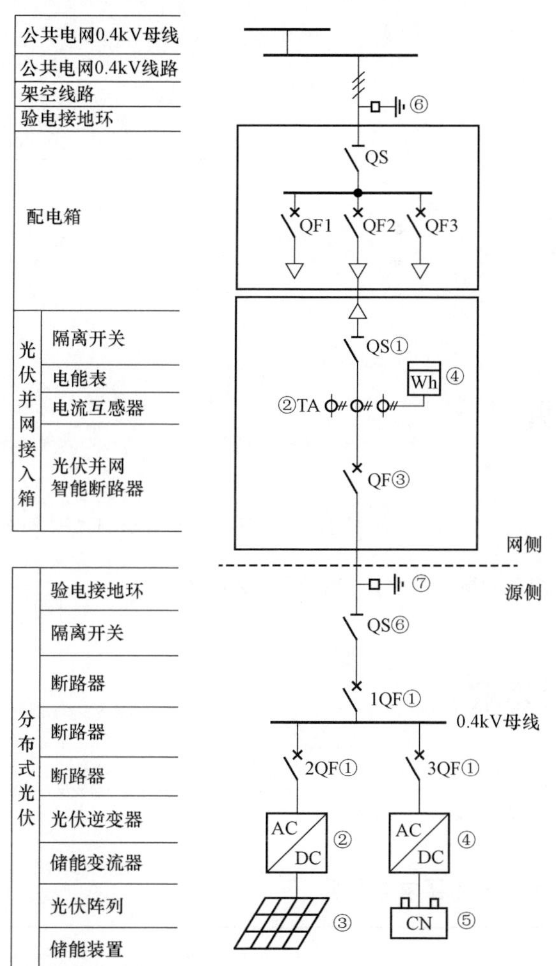

说明　1. 本方案适用于容量在 8～400kW 的分布式光伏以 380V 电压等级接入公共电网 380V 配电箱，配置储能的形式。

2. 当光伏系统（逆变器）、储能系统（变流器）或并网智能断路器能实现防孤岛功能时，可不用再另配置防孤岛装置。

3. 光伏并网接入箱安装于光伏侧光伏变流器汇流点处，实际安装位置可根据现场条件进行调整。

4. 当分布式光伏并网公共连接点配置负荷开关时，宜改造为断路器并满足相应要求。

5. 具体的电气配置根据现场实际按需配置。

网 侧 设 备 配 置

编号	代号	名称	规格及型号	数量	单位	备注
①	QS	隔离开关	630A/3P－N	1	台	按需选型
②	TA	电流互感器	0.5S	1	组	按需选型
③	QF	并网智能断路器	630A/3P－N（带剩余电流动作保护）	1	台	按需选型
④	Wh	电能表	三相，双向计量，0.5S	1	只	按需选型
⑤	SPD	浪涌保护器	T1 级	1	套	按需配置，图中未标出
⑥	PE	验电接地环		1	组	按需选型

源 侧 设 备 配 置

编号	代号	名称	规格及型号	数量	单位	备注
①	QF	断路器			台	按需选型
②	AC/DC	光伏逆变器			台	按需选型
③		光伏阵列				按需选择
④	AC/DC	储能变流器				按需选择
⑤	CN	储能装置				按需选择
⑥	QS	隔离开关			组	按需选择
⑦	PE	验电接地环		1	组	按需选择

图　例

TA 电流互感器　逆变器　QS 隔离开关　电能表

QF 断路器　光伏阵列　储能装置　验电接地环

图 6－2　以 380V 接入公共电网 0.4kV 配电箱，配置储能（GF380AC－Z－C）

第 7 章 380V 直接接入站房间隔典型设计方案

7.1 设 计 说 明

380V 直接接入站房典型设计方案编号为 GF380AC－ZJ。根据是否配置储能，分为两个子方案：子方案一为不配置储能时的设计方案，方案编号为 GF380AC－ZJ－N；子方案二为配置储能时的设计方案，方案编号为 GF380AC－ZJ－C。

7.2 设备（装置）技术要求

380V 直接接入站房间隔典型设计方案的设备（装置）技术要求与说明见表 7－1。

表 7－1　　380V 直接接入站房间隔典型设计方案的设备（装置）技术要求与说明

设备（装置）名称	型号及规格	要求
并网智能断路器	630A/3P－N（带剩余电流动作保护）	按需选型

续表

设备（装置）名称	型号及规格	要求
电流互感器	0.5S 级	按需选型
电能表	三相，双向计量，0.5S 级	按需选型
浪涌保护器	T1 级	按需配置

7.3　功　能　要　求

7.3.1　系统继电保护及安全

（1）380V 线路保护。分布式光伏以 380V 电压等级直接接入站房间隔时，并网点和公共连接点的断路器应具备短路瞬时、长延时保护功能和分励脱扣等功能，应配置具备反应故障及运行状态辅助触点，按实际需求配置失电压/过电压跳闸、低压闭锁合闸及远方控制等功能，同时应配置剩余电流保护装置。

（2）防孤岛检测及安全自动装置。分布式光伏、储能系统（逆变器、变流器）或智能断路器必须具备快速检测孤岛且检测到孤岛后立即断开与电网连接的能力，其防孤岛方案应与继电保护配置、频率电压异常紧急控制装置配置和低电压穿越等相配合，时限上互相匹配，符合技术标准要求。

（3）为了防止雷击感应影响二次设备安全性及可靠性，全部金属物包括设备、机架、金属管道、电缆的金属铠装层等均应单独与接地网可靠连接。

（4）380V 电压等级直接接入站房间隔的不独立配置安全自动装置。

7.3.2 信息采集与控制

（1）信息采集。以 380V 电压等级直接接入站房间隔的分布式光伏，可通过台区智能融合终端实时采集光伏并网智能断路器和电能表信息，并能自动汇集后上传，主要包括开关量信息、电流、电压和发电量等信息。

（2）控制要求。以 380V 电压等级直接接入站房间的分布式光伏应根据管理要求具备接受控制的功能，可通过并网智能断路器实现控制。

（3）信息传输方式。并网智能断路器将电压、电流、开关量等信息采集并上传至台区智能融合终端，并由台区智能融合终端转发至配电自动化主站。电能表计将电压、电流、电能量等信息采集并上传至台区智能融合终端，并由台区智能融合终端转发至用电信息采集系统。分布式光伏远动信息至台区智能融合终端宜采用电力载波通信方式，也可采用 RS485、微功率无线等方式；智能融合终端至配电自动化主站和用电信息采集系统宜采用光纤、无线公网或专网方式。

7.3.3 系统通信

通信宜采用光纤、无线公网或专网。无线网络的通信方式应满足 Q/GDW 625《配电自动化建设与改造标准化设计技术规定》和 Q/GDW 380.2《电力用户用电信息采集系统管理规范　第二部分：通信信道建设管理规范》的相关规定，采取可靠的安全隔离和认证措施，支持用户优先级管理。

7.3.4　电能计量

（1）安装位置。分布式光伏以 380V 电压等级直接接入站房间隔时，在产权分界点设置关口计量点（一般为光伏并网点，最终按用户与业主计量协议为准）。

（2）技术要求。计量点电能表准确度等级不应低于有功 0.5S 级，无功 2.0 级，计量电流互感器准确度不应低于 0.5S 级。三相电能表采用智能电能表，至少应具备双向有功和四象限无功计量功能、事件记录功能，应具备电流、电压、电量等信息采集功能，配有标准通信接口，具备本地通信和远程通信的功能，电能表通信协议符合 DL/T 698.45《电能信息采集与管理系统　第 4－5 部分：通信协议——面向对象的数据交换协议》。电能表采集信息应接入电网管理部门电力用户用电信息采集系统。

7.4　边　界　条　件

7.4.1　接入容量

对于容量在 8～400kW 的分布式光伏，可以三相 380V 低压交流形式接入公共电网，并网点应根据消纳能力及周边电网情况进行灵活选择。

7.4.2　接入位置

接入位置为直接接入站房间隔。

7.4.3 储能配置

储能配置详见 3.4.3。

7.5 接入方案设计图

7.5.1 子方案一

子方案一为分布式光伏以 380V 直接接入站房间隔，不配置储能的典型设计方案，接入方案设计图见图 7－1。

7.5.2 子方案二

子方案二为分布式光伏以 380V 直接接入站房间隔，配置储能的典型设计方案，接入方案设计图见图 7－2。

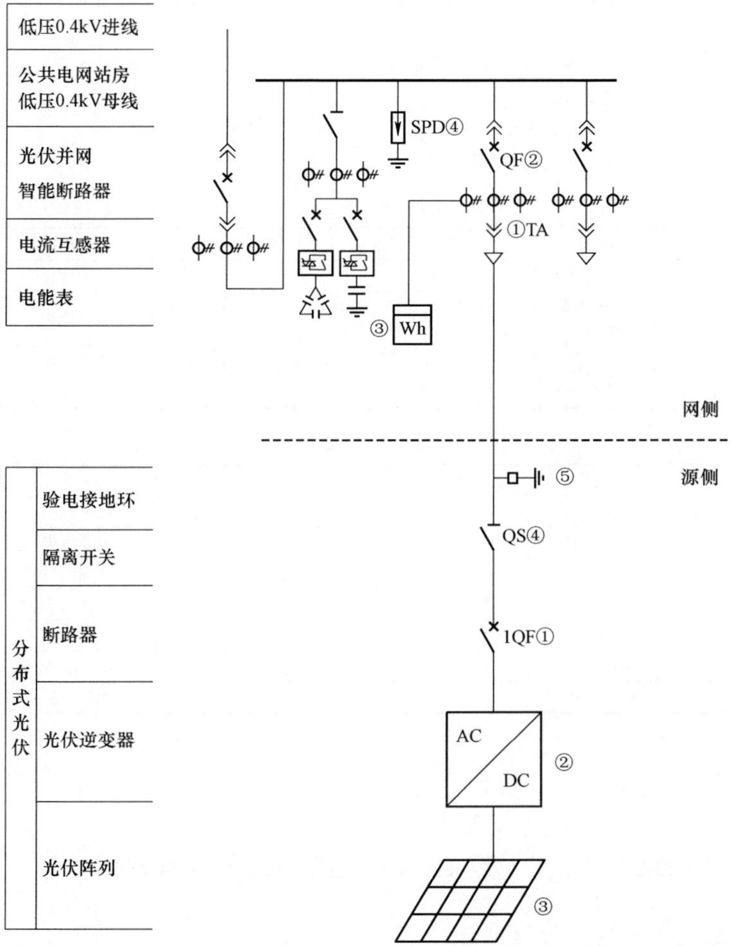

低压0.4kV进线

公共电网站房低压0.4kV母线

光伏并网智能断路器

电流互感器

电能表

SPD④　QF②　①TA　③ Wh

网侧

源侧

⑤　QS④　1QF①　AC DC ②　③

分布式光伏：验电接地环、隔离开关、断路器、光伏逆变器、光伏阵列

说明　1. 本方案适用于容量在 8～400kW 的分布式光伏以 380V 电压等级直接接入站房间隔，不配置储能的形式。

2. 当光伏系统（逆变器）或并网智能断路器能实现防孤岛功能时，可不用再另配置防孤岛装置。

3. 当分布式光伏并网公共连接点配置负荷开关时，宜改造为断路器并满足相应要求。

4. 具体的电气配置根据现场实际按需配置。

网 侧 设 备 配 置

编号	代号	名称	规格及型号	数量	单位	备注
①	TA	电流互感器	0.5S	1	组	按需选型
②	QF	并网智能断路器	630A/3P－N（带剩余电流动作保护）	1	台	按需选型
③	Wh	电能表	三相，双向计量，0.5S	1	只	按需选型
④	SPD	浪涌保护器	T1 级	1	套	按需配置

源 侧 设 备 配 置

编号	代号	名称	规格及型号	数量	单位	备注
①	QF	断路器			台	按需选型
②	AC/DC	光伏逆变器			台	按需选型
③		光伏阵列				
④	QS	隔离开关			组	
⑤	PE	验电接地环		1	组	

图　例

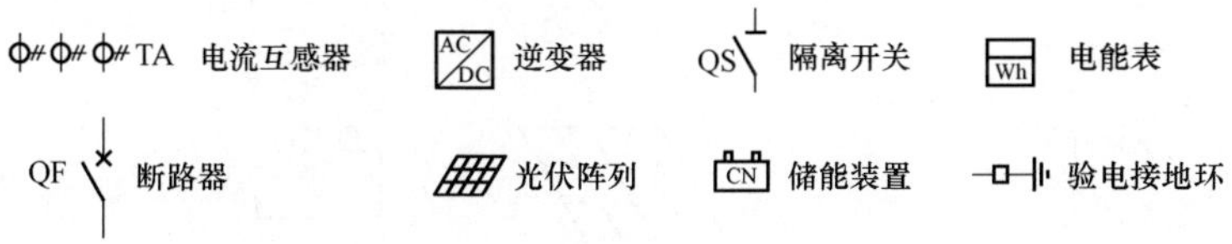

TA 电流互感器　逆变器　QS 隔离开关　电能表

QF 断路器　光伏阵列　储能装置　验电接地环

图 7－1　380V 直接接入站房间隔，不配置储能（GF380AC－ZJ－N）

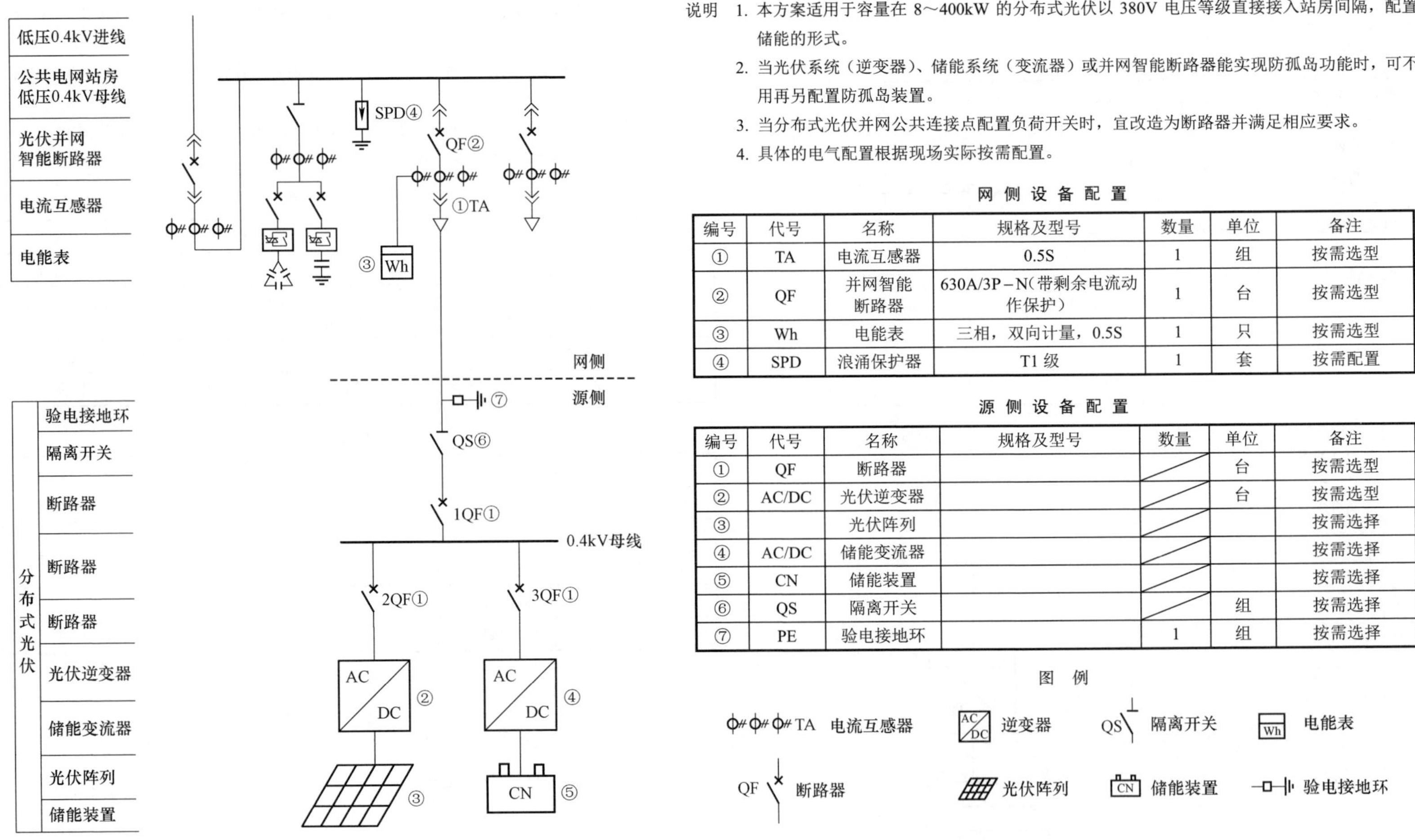

说明 1. 本方案适用于容量在 8～400kW 的分布式光伏以 380V 电压等级直接接入站房间隔，配置储能的形式。

2. 当光伏系统（逆变器）、储能系统（变流器）或并网智能断路器能实现防孤岛功能时，可不用再另配置防孤岛装置。

3. 当分布式光伏并网公共连接点配置负荷开关时，宜改造为断路器并满足相应要求。

4. 具体的电气配置根据现场实际按需配置。

网 侧 设 备 配 置

编号	代号	名称	规格及型号	数量	单位	备注
①	TA	电流互感器	0.5S	1	组	按需选型
②	QF	并网智能断路器	630A/3P－N（带剩余电流动作保护）	1	台	按需选型
③	Wh	电能表	三相，双向计量，0.5S	1	只	按需选型
④	SPD	浪涌保护器	T1 级	1	套	按需配置

源 侧 设 备 配 置

编号	代号	名称	规格及型号	数量	单位	备注
①	QF	断路器			台	按需选型
②	AC/DC	光伏逆变器			台	按需选型
③		光伏阵列				按需选择
④	AC/DC	储能变流器				按需选择
⑤	CN	储能装置				按需选择
⑥	QS	隔离开关			组	按需选择
⑦	PE	验电接地环		1	组	按需选择

图 例

图 7－2　380V 直接接入站房间隔，配置储能（GF380AC－ZJ－C）

第 8 章 380V 接入站房间隔出线典型设计方案

8.1 设 计 说 明

380V 接入站房间隔出线典型设计方案编号为 GF380AC－JC。根据是否配置储能，分为两个子方案：子方案一为不配置储能时的设计方案，方案编号为 GF380AC－JC－N；子方案二为配置储能时的设计方案，方案编号为 GF380AC－JC－C。

8.2 设备（装置）技术要求

380V 接入站房间隔出线典型设计方案的设备（装置）技术要求与说明见表 8－1。

表 8－1　380V 接入站房间隔出线典型设计方案的设备（装置）技术要求与说明

设备（装置）名称		型号及规格	要求
并网接入箱	隔离开关	630A/3P－N	按需选型

续表

设备（装置）名称		型号及规格	要求
并网接入箱	并网智能断路器	630A/3P – N（带剩余电流动作保护）	按需选型
	电流互感器	0.5S 级	按需选型
	电能表	三相，双向计量，0.5S 级	按需选型
	浪涌保护器	T1 级	按需配置

8.3 功 能 要 求

8.3.1 系统继电保护及安全

（1）380V 线路保护。分布式光伏以 380V 电压等级接入站房间隔出线时，并网点和公共连接点的断路器应具备短路瞬时、长延时保护功能和分励脱扣等功能，应配置具备反应故障及运行状态辅助触点，按实际需求配置失电压/过电压跳闸、低压闭锁合闸及远方控制等功能，同时应配置剩余电流保护装置。

（2）防孤岛检测及安全自动装置。分布式光伏、储能系统（逆变器、变流器）或智能断路器必须具备快速检测孤岛且检测到孤岛后立即断开与电网连接的能力，其防孤岛方案应与继电保护配置、频率电压异常紧急控制装置配置和低电压穿越等相配合，时限上互相匹配，符合技术标准要求。

（3）为了防止雷击感应影响二次设备安全性及可靠性，全部金属物包括设备、机架、金属管道、电缆的金属铠装层等均应单独

与接地网可靠连接。

（4）380V 电压等级接入站房间隔出线的不独立配置安全自动装置。

8.3.2　信息采集与控制

（1）信息采集。以 380V 电压等级接入站房间隔出线的分布式光伏，可通过台区智能融合终端实时采集光伏并网智能断路器和电能表信息，并能自动汇集后上传，主要包括开关量信息、电流、电压和发电量等信息。

（2）控制要求。以 380V 电压等级接入站房间隔出线的分布式光伏应根据管理要求具备接受控制的功能，可通过并网智能断路器实现控制。

（3）信息传输方式。并网智能断路器将电压、电流、开关量等信息采集并上传至台区智能融合终端，并由台区智能融合终端转发至配电自动化主站。电能表计将电压、电流、电能量等信息采集并上传至台区智能融合终端，并由台区智能融合终端转发至用电信息采集系统。分布式光伏远动信息至台区智能融合终端宜采用电力载波通信方式，也可采用 RS485、微功率无线等方式；智能融合终端至配电自动化主站和用电信息采集系统宜采用光纤、无线公网或专网方式。

8.3.3　系统通信

通信宜采用光纤、无线公网或专网。无线网络的通信方式应满足 Q/GDW 625《配电自动化建设与改造标准化设计技术规定》和 Q/GDW 380.2《电力用户用电信息采集系统管理规范　第二部分：通信信道建设管理规范》的相关规定，采取可靠的安全隔离和认证措施，支持用户优先级管理。

8.3.4 电能计量

（1）安装位置。分布式光伏以380V电压等级接入站房间隔出线时，在产权分界点设置关口计量点（一般为光伏并网点，最终按用户与业主计量协议为准）。

（2）技术要求。计量点电能表准确度等级不应低于有功0.5S级，无功2.0级，计量电流互感器准确度不应低于0.5S级。三相电能表采用智能电能表，至少应具备双向有功和四象限无功计量功能、事件记录功能，应具备电流、电压、电量等信息采集功能，配有标准通信接口，具备本地通信和远程通信的功能，电能表通信协议符合DL/T 698.45《电能信息采集与管理系统　第4－5部分：通信协议——面向对象的数据交换协议》。电能表采集信息应接入电网管理部门电力用户用电信息采集系统。

8.3.5 其他

（1）专线光伏并网接入箱采用电缆进线时，应在箱内进线开关室可靠固定电缆及电缆接头。

（2）光伏并网接入箱应具有警示标记和提示用语，同一地区范围内应做到内容、图案、颜色及字体统一。

（3）同一地区范围内选择统一的防盗锁具和铅封。

8.4 边界条件

8.4.1 接入容量

对于容量在8～400kW的分布式光伏，可以三相380V低压交流形式接入公共电网，并网点应根据消纳能力及周边电网情况进

行灵活选择。

8.4.2　接入位置

接入位置为接入站房间隔出线。

8.4.3　储能配置

储能配置详见 3.4.3。

8.5　接入方案设计图

8.5.1　子方案一

子方案一为分布式光伏以 380V 接入站房间隔出线，不配置储能的典型设计方案，接入方案设计图见图 8－1。

8.5.2　子方案二

子方案二为分布式光伏以 380V 接入站房间隔出线，配置储能的典型设计方案，接入方案设计图见图 8－2。

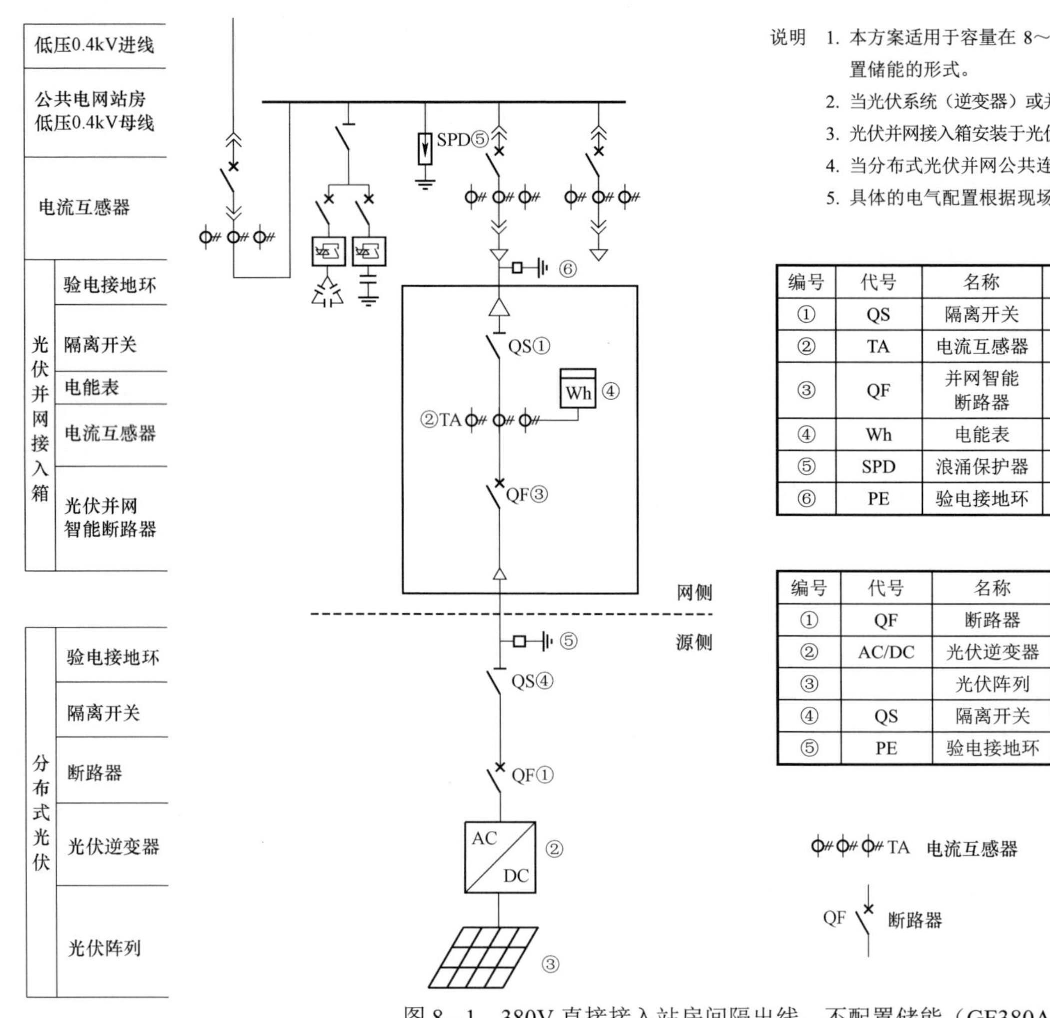

说明 1. 本方案适用于容量在 8～400kW 的分布式光伏以 380V 电压等级接入站房间隔出线，不配置储能的形式。
2. 当光伏系统（逆变器）或并网智能断路器能实现防孤岛功能时，可不用再另配置防孤岛装置。
3. 光伏并网接入箱安装于光伏侧光伏变流器汇流点处，实际安装位置可根据现场条件进行调整。
4. 当分布式光伏并网公共连接点配置负荷开关时，宜改造为断路器并满足相应要求。
5. 具体的电气配置根据现场实际按需配置。

网 侧 设 备 配 置

编号	代号	名称	规格及型号	数量	单位	备注
①	QS	隔离开关	630A/3P－N	1	台	按需选型
②	TA	电流互感器	0.5S	1	组	按需选型
③	QF	并网智能断路器	630A/3P－N（带剩余电流动作保护）	1	台	按需选型
④	Wh	电能表	三相，双向计量，0.5S	1	只	按需选型
⑤	SPD	浪涌保护器	T1 级	1	套	按需配置
⑥	PE	验电接地环		1	组	按需配置

源 侧 设 备 配 置

编号	代号	名称	规格及型号	数量	单位	备注
①	QF	断路器			台	按需选型
②	AC/DC	光伏逆变器			台	按需选型
③		光伏阵列				
④	QS	隔离开关			组	按需选型
⑤	PE	验电接地环		1	组	按需选择

图 例

图 8－1 380V 直接接入站房间隔出线，不配置储能（GF380AC－JC－N）

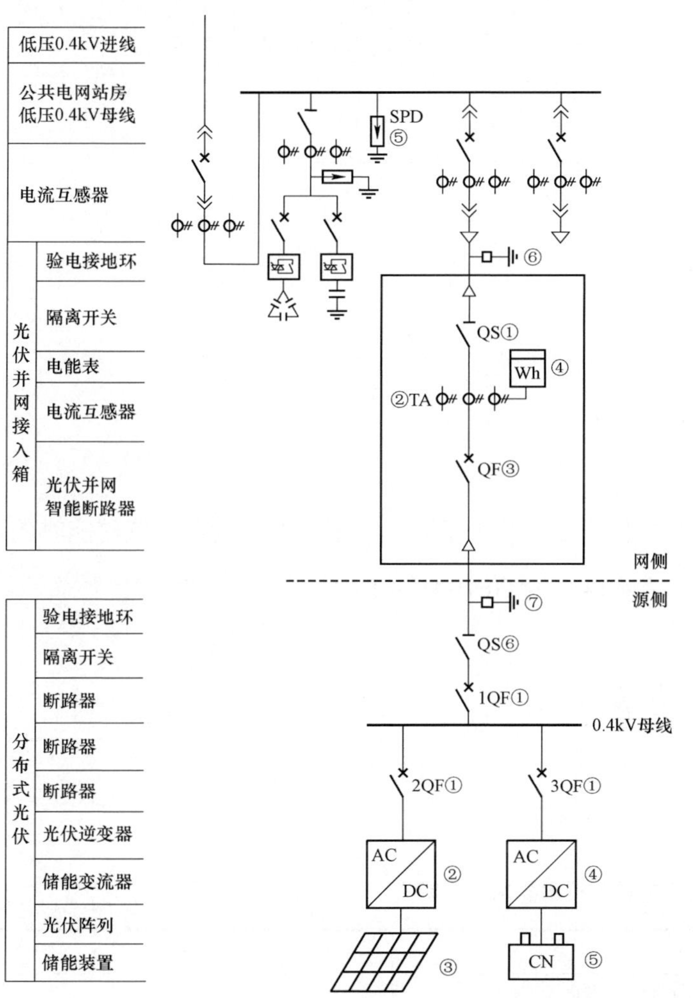

说明 1. 本方案适用于容量在 8～400kW 的分布式光伏以 380V 电压等级接入站房间隔出线，配置储能的形式。

2. 当光伏系统（逆变器）、储能系统（变流器）或并网智能断路器能实现防孤岛功能时，可不用再另配置防孤岛装置。

3. 光伏并网接入箱安装于光伏侧光伏变流器汇流点处，实际安装位置可根据现场条件进行调整。

4. 当分布式光伏并网公共连接点配置负荷开关时，宜改造为断路器并满足相应要求。

5. 具体的电气配置根据现场实际按需配置。

网 侧 设 备 配 置

编号	代号	名称	规格及型号	数量	单位	备注
①	QS	隔离开关	630A/3P－N	1	台	按需选型
②	TA	电流互感器	0.5S	1	组	按需选型
③	QF	并网智能断路器	630A/3P－N（带剩余电流动作保护）	1	台	按需选型
④	Wh	电能表	三相，双向计量，0.5S	1	只	按需选型
⑤	SPD	浪涌保护器	T1 级	1	套	按需配置
⑥	PE	验电接地环		1	组	按需配置

源 侧 设 备 配 置

编号	代号	名称	规格及型号	数量	单位	备注
①	QF	断路器		/	台	按需选型
②	AC/DC	光伏逆变器		/	台	按需选型
③		光伏阵列		/		按需选择
④	AC/DC	储能变流器		/		按需选择
⑤	CN	储能装置		/		按需选择
⑥	QS	隔离开关		/	组	按需选择
⑦	PE	验电接地环		1	组	按需选择

图 例

TA 电流互感器　　AC/DC 逆变器　　QS 隔离开关　　Wh 电能表

QF 断路器　　光伏阵列　　CN 储能装置　　验电接地环

图 8－2 以 380V 直接接入站房间隔出线，配置储能（GF380AC－JC－C）

第 9 章 10kV T 接架空线路典型设计方案

9.1 设 计 说 明

10kV T 接架空线路典型设计方案编号为 GF10AC－T。根据是否配置储能，分为两个子方案：子方案一为不配置储能时的设计方案，方案编号为 GF10AC－T－N；子方案二为配置储能时的设计方案，方案编号为 GF10AC－T－C。

9.2 设备（装置）技术要求

10kV T 接架空线路典型设计方案的设备（装置）技术要求与说明见表 9－1。

表 9－1　10kV T 接架空线路典型设计方案的设备（装置）技术要求与说明

设备（装置）名称	型号及规格	要求
户外真空断路器	ZW32－12－630/31.5	按需选型

续表

设备（装置）名称	型号及规格	要求
隔离开关	630A	按需选型
电能表	三相，双向计量，0.2S 级	按需选型
电压互感器	0.2 级	按需选型
电流互感器	0.2S 级	按需选型
接地装置		按需选型

9.3 功能要求

9.3.1 系统继电保护及安全

（1）10kV 线路保护。分布式光伏线路发生短路故障时，线路保护能快速动作，瞬时跳开相应并网点断路器，满足全线故障时快速可靠切除故障的要求。

1）线路保护应适用于系统一次特性和电气主接线的要求。

2）线路应配置阶段式（方向）过电流保护、故障解列。

3）被保护线路在空载、轻载、满载等各种工况下，发生金属性和非金属性的各种故障时，线路保护应能正确动作。系统无故障、外部故障、故障转换、功率突然倒向以及系统操作等情况下保护不应误动。

4）在本线发生振荡时保护不应误动，振荡过程中再故障时，应保证可靠切除故障。

5）主保护整组动作时间不大于 20ms（不包括通道传输时间），返回时间不大于 30ms（从故障切除到保护出口接点返回）。

6）手动合闸或重合于故障线路上时，保护应能可靠瞬时三相跳闸。手动合闸或重合于无故障线路时应可靠不动作。

7）保护装置应具有良好的滤波功能，具有抗干扰和抗谐波的能力。在系统投切变压器、静止补偿装置、电容器等设备时，保护不应误动作。

8）需核实变电站侧备自投方案、相关线路的重合闸方案，要求根据防孤岛检测方案，提出调整方案。

9）分布式光伏电站线路接入变电站后，备自投动作时间须躲过光伏电站防孤岛检测动作时间。

10）10kV 公共电网线路投入自动重合闸时，应校核重合闸时间。

（2）对光伏侧配置要求。

1）线路保护。分布式光伏接入系统线路发生短路故障时，线路保护能快速动作，瞬时跳开断路器，满足全线故障时快速可靠切除故障的要求。

2）母线保护。若分布式光伏电站侧为线变组接线，经升压变后直接输出，不配置母线保护。分布式电源系统设有母线时，可不设专用母线保护，发生故障时可由母线有源连接元件的后备保护切除故障。如后备保护时限不能满足稳定要求，可相应配置保护装置，快速切除母线故障。

3）防孤岛保护。分布式光伏、储能系统（逆变器、变流器）必须具备快速检测孤岛且检测到孤岛后立即断开与电网连接的能力，其防孤岛方案应与继电保护配置、频率电压异常紧急控制装置配置和低电压穿越等相配合，时限上互相匹配，符合技术标准要求。

4）安全自动装置。分布式光伏接入系统的安全自动装置应该实现频率电压异常紧急控制功能，按照整定值跳开并网点断路器。分布式光伏 10kV T 接入架空线时，需在并网点设置安全自动装置；若分布式光伏侧 10kV 线路保护具备符合要求的低/过电压保护、

低/过频率保护等故障解列功能，也可不配置独立的安全自动配置。

（3）安全防护。

1）按照“安全分区、网络专用、横向隔离、纵向认证”的基本原则，配置站内电力监控系统安全防护设备。

2）为了防止雷击感应影响二次设备安全及可靠性，全部金属物包括设备、机架、金属管道、电缆的金属铠装层、屏蔽层等均应单独与接地网可靠连接。

9.3.2　信息采集与控制

（1）信息采集。以 10kV T 接入架空线的分布式光伏，应由馈线终端实时采集光伏并网开关信息，并能自动汇集后上传，主要包括开关量信息、电流、电压和发电量等信息。

（2）控制要求。以 10kV T 接入架空线的分布式光伏应根据管理要求具备接受控制的功能，应通过馈线终端实现分布式光伏的控制。

（3）信息传输方式。10kV 断路器将电压、电流、开关量等信息采集并上传至配电自动化主站。电能表计将电压、电流、电能量等信息采集并上传至用电信息采集系统。分布式光伏远动信息宜采用电力载波通信方式，也可采用 RS485、微功率无线等方式；馈线终端至配电自动化主站和用电信息采集系统宜采用光纤、无线公网或专网方式。

9.3.3　系统通信

（1）光纤通信。结合各地电网整体通信网络规划，采用 EPON 技术、工业以太网技术、SDH/MSTP 技术等多种光纤通信方式。

（2）无线方式。分布式电源接入可采用无线公网通信方式，但应采取信息安全防护措施。当有控制要求时，不应采用无线公网通信方式。无线公网的通信方式应满足 Q/GDW 625《配电自动化建设与改造标准化设计技术规定》和 Q/GDW 380.2《电力用户用电信息采集系统管理规范　第二部分：通信信道建设管理规范》的相关规定，采取可靠的安全隔离和认证措施，支持用户优先级管理。

9.3.4　电能计量

（1）安装位置与要求。在产权分界点设置关口计量电能表（最终按用户与业主计量协议为准）。

（2）技术要求。电能计量装置的配置和技术要求应符合 DL/T 448《电能计量装置技术管理规程》和 DL/T 614《多功能电能表》的要求。电能表采用静止式多功能电能表，至少应具备双向有功和四象限无功计量功能、事件记录功能，配有标准通信接口，具备本地通信和通过电能信息采集终端远程通信的功能，电能表通信协议符合 DL/T 698.45《电能信息采集与管理系统　第 4－5 部分：通信协议——面向对象的数据交换协议》。10kV 关口计量电能表准确度等级应为有功 0.2S 级，无功 2.0 级，并且要求有关电流互感器、电压互感器的准确度等级需分别达到 0.2S、0.2 级。

9.4　边　界　条　件

9.4.1　接入容量

对于容量在 400kW～6MW 的分布式光伏，可以三相 10kV 中压交流形式接入公共电网或用户电网，并网点应根据消纳能力及周边电网情况进行灵活选择。

9.4.2　接入位置

接入位置为 T 接入公共电网 10kV 线路。

9.4.3　储能配置

储能配置详见 3.4.3。

9.5　接入方案设计图

9.5.1　子方案一

子方案一为分布式光伏以 10kV T 接入电网 10kV 线路，不配置储能的典型设计方案，接入方案设计图见图 9-1。

9.5.2　子方案二

子方案二为分布式光伏以 10kV T 接入电网 10kV 线路，配置储能的典型设计方案，接入方案设计图见图 9-2。

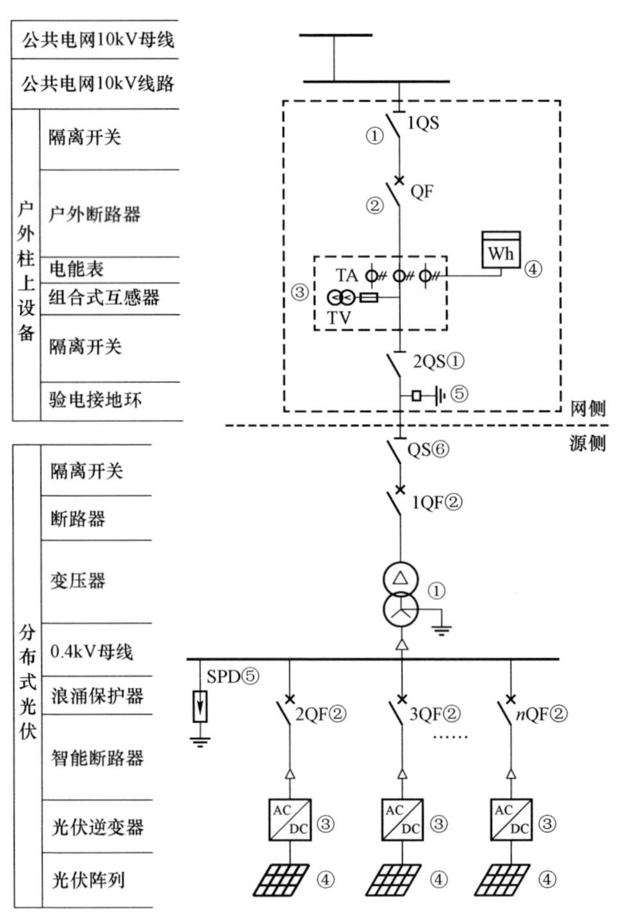

说明 1. 本方案适用于容量在400kW～6MW的分布式光伏以10kV电压等级T接入公共电网10kV线路，不配置储能的形式。

2. 当光伏系统（逆变器）或智能断路器能实现防孤岛功能时，可不用再另配置防孤岛装置。

3. 当分布式光伏并网公共连接点配置负荷开关时，宜改造为断路器并满足相应要求。

4. 具体的电气配置根据现场实际按需配置。

网 侧 设 备 配 置

编号	代号	名称	规格及型号	数量	单位	备注
①	QS	隔离开关	630A	2	组	按需选型
②	QF	户外真空断路器	ZW32－12－630/31.5	1	台	按需选型
③		组合式互感器	PT－0.2/CT－0.2S	1	组	变比按需选型
④	Wh	电能表	三相，双向计量，0.2S	1	只	按需选型
⑤	PE	验电接地环		1	组	按需选型

源 侧 设 备 配 置

编号	代号	名称	规格及型号	数量	单位	备注
①		变压器			台	按需选型
②	QF	断路器			台	1QF、2QF、3QF、4QF
③	AC/DC	光伏逆变器			台	按需选型
④		光伏阵列			台	按需选型
⑤	SPD	浪涌保护器			套	按需选型
⑥	QS	隔离开关			组	按需选型

图 例

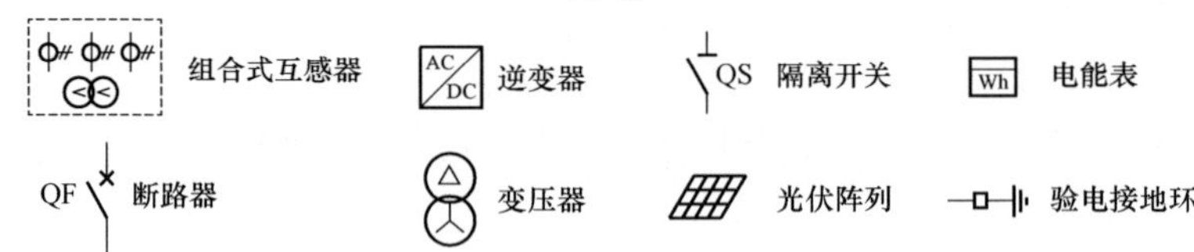

图9－1 以10kV T接入公共电网10kV线路，不配置储能（GF10AC－T－N）

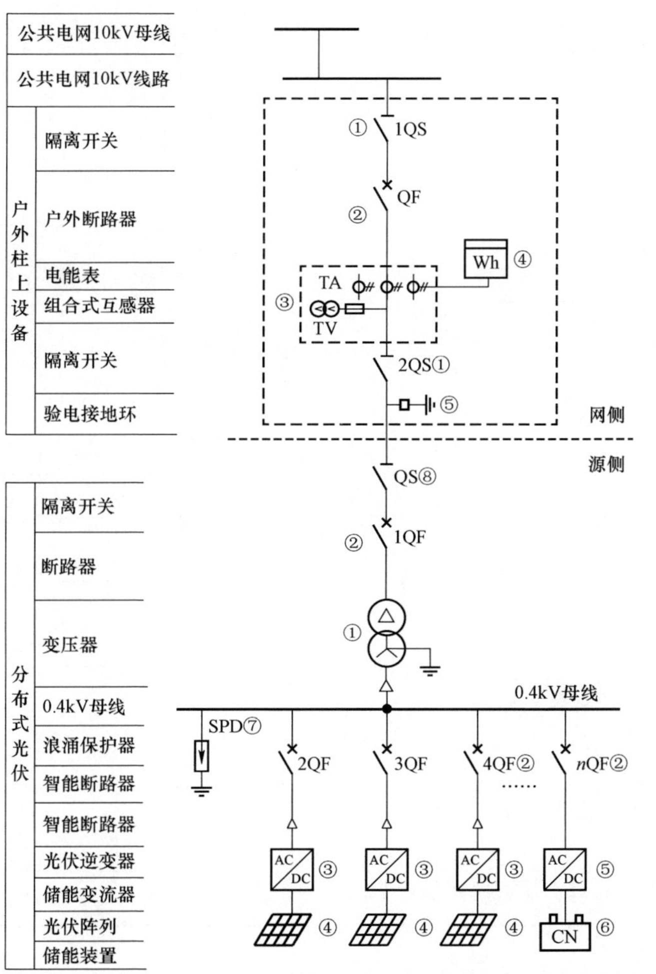

说明 1. 本方案适用于容量在 400kW～6MW 的分布式光伏以 10kV 电压等级 T 接入公共电网 10kV 线路，配置储能的形式。

2. 当光伏系统（逆变器）、储能系统（变流器）或智能断路器能实现防孤岛功能时，可不用再另配置防孤岛装置。

3. 当分布式光伏并网公共连接点配置负荷开关时，宜改造为断路器并满足相应要求。

4. 具体的电气配置根据现场实际按需配置。

网 侧 设 备 配 置

编号	代号	名称	规格及型号	数量	单位	备注
①	QS	隔离开关	630A	2	组	按需选型
②	QF	户外真空断路器	ZW32－12－630/31.5	1	台	按需选型
③		组合式互感器	PT－0.2CT－0.2S	1	组	变比按需选型
④	Wh	电能表	三相，双向计量，0.2S	1	只	按需选型
⑤	PE	验电接地环		1	组	按需选型

源 侧 设 备 配 置

编号	代号	名称	规格及型号	数量	单位	备注
①		变压器			台	按需选型
②	QF	断路器			台	1QF、2QF、3QF、4QF、5QF
③	AC/DC	光伏逆变器				按需选型
④		光伏阵列				按需选型
⑤	AC/DC	储能变流器				按需选型
⑥	CN	储能装置				按需选型
⑦	SPD	浪涌保护器			套	按需选型
⑧	QS	隔离开关			组	按需选型

图 例

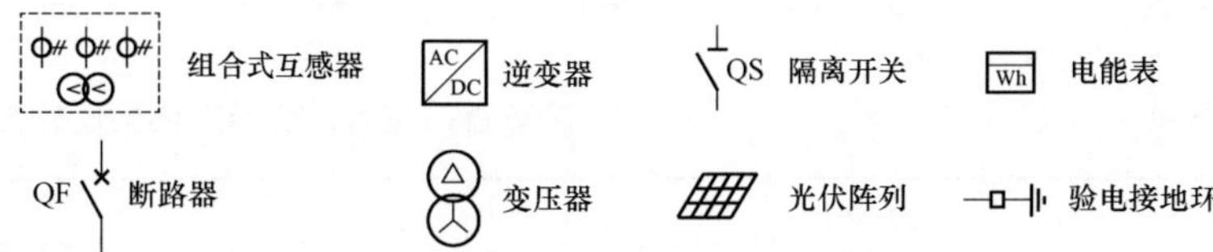

图 9－2 以 10kV T 接入公共电网 10kV 线路，配置储能（GF10AC－T－C）

第 10 章 10kV 直接接入站房间隔典型设计方案

10.1 设 计 说 明

10kV 直接接入站房间隔典型设计方案编号为 GF10AC－ZJ。根据是否配置储能，分为两个子方案：子方案一为不配置储能时的设计方案，方案编号为 GF10AC－ZJ－N；子方案二为配置储能时的设计方案，方案编号为 GF10AC－ZJ－C。

10.2 设备（装置）技术要求

10kV 直接接入站房间隔典型设计方案的设备（装置）技术要求与说明见表 10－1。

表 10－1　　10kV 直接接入站房间隔典型设计方案的设备（装置）技术要求与说明

设备（装置）名称	型号及规格	要求
户内真空断路器	ZN63	按需选型

续表

设备（装置）名称	型号及规格	要求
电流互感器	0.2S 级（计量用）；0.5 级/10p，30（测量，保护用）	按需选型
电压互感器	0.2 级（计量用）；0.5 级（测量，保护用）	按需选型
电能表	三相，双向计量，0.2S 级	按需选型

10.3 功 能 要 求

10.3.1 系统继电保护及安全

（1）10kV 线路保护。分布式光伏线路发生短路故障时，线路保护能快速动作，瞬时跳开相应并网点断路器，满足全线故障时快速可靠切除故障的要求。

1）线路保护应适用于系统一次特性和电气主接线的要求。

2）线路两侧纵联保护配置与选型应相互对应，保护的软件版本应完全一致。

3）被保护线路在空载、轻载、满载等各种工况下，发生金属性和非金属性的各种故障时，线路保护应能正确动作。系统无故障、外部故障、故障转换、功率突然倒向以及系统操作等情况下保护不应误动。

4）在本线发生振荡时保护不应误动，振荡过程中再故障时，应保证可靠切除故障。

5）主保护整组动作时间不大于 20ms（不包括通道传输时间），返回时间不大于 30ms（从故障切除到保护出口接点返回）。

6）手动合闸或重合于故障线路上时，保护应能可靠瞬时三相跳闸。手动合闸或重合于无故障线路时应可靠不动作。

7）保护装置应具有良好的滤波功能，具有抗干扰和抗谐波的能力。在系统投切变压器、静止补偿装置、电容器等设备时，保护不应误动作。

8）需核实变电站侧备自投方案、相关线路的重合闸方案，要求根据防孤岛检测方案，提出调整方案。

9）分布式光伏电站线路接入变电站后，备自投动作时间须躲过光伏电站防孤岛检测动作时间。

10）10kV 公共电网线路投入自动重合闸时，应校核重合闸时间。

（2）对光伏侧配置要求。

1）线路保护。分布式光伏接入系统线路发生短路故障时，线路保护能快速动作，瞬时跳开断路器，满足全线故障时快速可靠切除故障的要求。

2）母线保护。若分布式光伏电站侧为线变组接线，经升压变后直接输出，不配置母线保护。分布式电源系统设有母线时，可不设专用母线保护，发生故障时可由母线有源连接元件的后备保护切除故障。如后备保护时限不能满足稳定要求，可相应配置保护装置，快速切除母线故障。

3）防孤岛保护。分布式光伏、储能系统（逆变器、变流器）必须具备快速检测孤岛且检测到孤岛后立即断开与电网连接的能力，其防孤岛方案应与继电保护配置、频率电压异常紧急控制装置配置和低电压穿越等相配合，时限上互相匹配，符合技术标准要求。

4）安全自动装置：

a. 分布式光伏接入系统的安全自动装置应该实现频率电压异常紧急控制功能，按照整定值跳开并网点断路器。

b. 分布式光伏 10kV 接入系统时，需在并网点设置安全自动装置；若分布式光伏侧 10kV 线路保护具备符合要求的低/过电压保护、低/过频率保护等故障解列功能，也可不配置独立的安全自动配置。

（3）安全防护。

1）按照“安全分区、网络专用、横向隔离、纵向认证”的基本原则，配置站内电力监控系统安全防护设备。

2）为了防止雷击感应影响二次设备安全及可靠性，全部金属物包括设备、机架、金属管道、电缆的金属铠装层、屏蔽层等均应单独与接地网可靠连接。

10.3.2　信息采集与控制

（1）信息采集。以 10kV 直接接入站房间隔的分布式光伏，应由馈线终端实时采集光伏并网开关信息，并能自动汇集后上传，主要包括开关量信息、电流、电压和发电量等信息。

（2）控制要求。以 10kV 直接接入站房间隔的分布式光伏应根据管理要求具备接受控制的功能，应通过馈线终端实现分布式光伏的控制。

（3）信息传输方式。10kV 断路器将电压、电流、开关量等信息采集并上传至配电自动化主站。电能表计将电压、电流、电能量等信息采集并上传至用电信息采集系统。分布式光伏远动信息宜采用电力载波通信方式，也可采用 RS485、微功率无线等方式；馈线终端至配电自动化主站和用电信息采集系统宜采用光纤、无线公网或专网方式。

10.3.3　系统通信

（1）光纤通信。结合各地电网整体通信网络规划，采用 EPON 技术、工业以太网技术、SDH/MSTP 技术等多种光纤通信方式。

（2）中压电力线载波。当光伏电站专线接入的公用10kV环网室（箱）、配电室、开关站、箱式变压器、变电站已实现配电自动化改造时，在光伏电站拟接入公用10kV环网室（箱）、配电室、开关站、箱式变压器、变电站侧配置主载波机，光伏电站侧配置从载波机，主载波机依据线路结构对下进行载波组网，并通过载波通信方式将终端数据汇聚至主载波机，利用原有公用配电自动化通信网将光伏电站的通信、自动化等信息接入系统。

（3）无线方式。分布式电源接入可采用无线公网通信方式，但应采取信息安全防护措施。当有控制要求时，不应采用无线公网通信方式。无线公网的通信方式应满足Q/GDW 625《配电自动化建设与改造标准化设计技术规定》和Q/GDW 380.2《电力用户用电信息采集系统管理规范　第二部分：通信信道建设管理规范》的相关规定，采取可靠的安全隔离和认证措施，支持用户优先级管理。

10.3.4　电能计量

（1）安装位置与要求。在产权分界点设置关口计量电能表（最终按用户与业主计量协议为准）。

（2）技术要求。电能计量装置的配置和技术要求应符合DL/T 448《电能计量装置技术管理规程》和DL/T 614《多功能电能表》的要求。电能表采用静止式多功能电能表，至少应具备双向有功和四象限无功计量功能、事件记录功能，配有标准通信接口，具备本地通信和通过电能信息采集终端远程通信的功能，电能表通信协议符合DL/T 698.45《电能信息采集与管理系统　第4－5部分：通信协议——面向对象的数据交换协议》。10kV关口计量电能表准确度等级应为有功0.2S级，无功2.0级，并且要求有关电流互感器、电压互感器的准确度等级需分别达到0.2S、0.2级。

10.4 边界条件

10.4.1　接入容量

对于容量在 400kW～6MW 的分布式光伏，可以三相 10kV 中压交流形式接入公共电网或用户电网，并网点应根据消纳能力及周边电网情况进行灵活选择。

10.4.2　接入位置

接入位置为直接接入站房间隔。

10.4.3　储能配置

储能配置详见 3.4.3。

10.5 接入方案设计图

10.5.1 子方案一

子方案一为分布式光伏以10kV直接接入站房间隔，不配置储能的典型设计方案，接入方案设计图见图10-1。

10.5.2 子方案二

子方案二为分布式光伏以10kV直接接入站房间隔，配置储能的典型设计方案，接入方案设计图见图10-2。

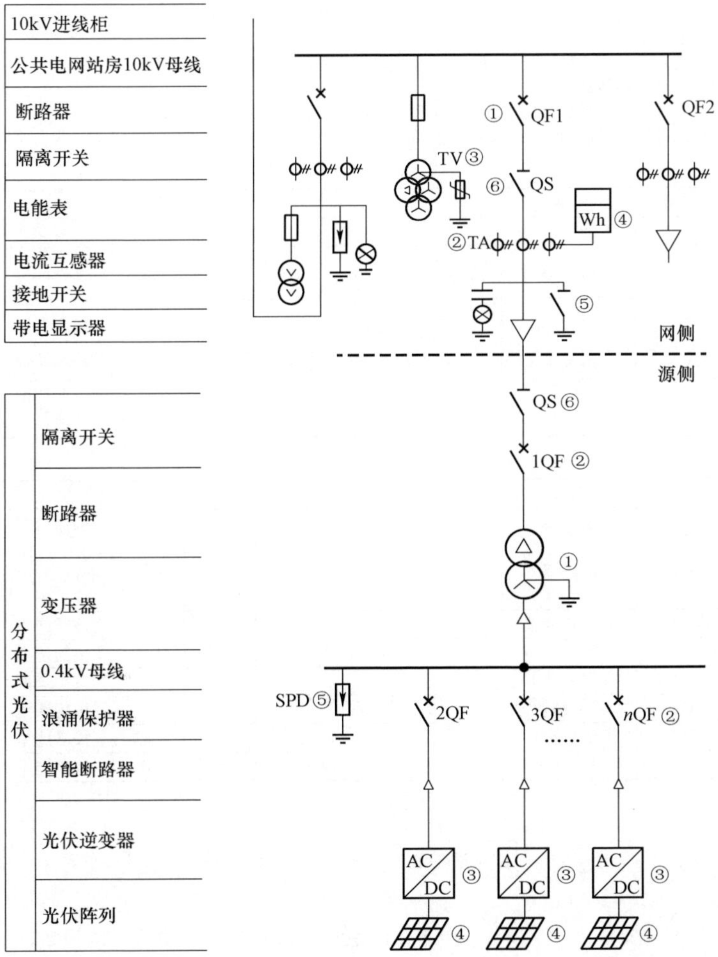

10kV进线柜
公共电网站房10kV母线
断路器
隔离开关
电能表
电流互感器
接地开关
带电显示器

分布式光伏	隔离开关
	断路器
	变压器
	0.4kV母线
	浪涌保护器
	智能断路器
	光伏逆变器
	光伏阵列

网侧

源侧

说明　1. 本方案适用于容量在 400kW～6MW 的分布式光伏以 10kV 电压等级直接接入站房间隔，不配置储能的形式。

2. 当光伏系统（逆变器）或智能断路器能实现防孤岛功能时，可不用再另配置防孤岛装置。

3. 当分布式光伏并网公共连接点配置负荷开关时，宜改造为断路器并满足相应要求。

4. 具体的电气配置根据现场实际按需配置。

网 侧 设 备 配 置

编号	代号	名 称	规格及型号	数量	单位	备注
①	QF1	断路器	ZN63	1	台	按需选型
②	TA	电流互感器	0.2S 级（计量用）；0.5 级/10p，30（测量，保护用）	1	组	按需选型
③	TV	电压互感器	0.2 级（计量用）；0.5 级（测量，保护用）	1	组	按需选型
④	Wh	电能表	三相，双向计量，0.2S	1	只	按需选型
⑤		接地开关		1	组	按需选型
⑥	QS	隔离开关		1	组	按需选型

源 侧 设 备 配 置

编号	代号	名称	规格及型号	数量	单位	备注
①		变压器			台	按需选型
②	QF	断路器			台	1QF、2QF、3QF、4QF
③	AC/DC	光伏逆变器			台	按需选型
④		光伏阵列			台	按需选型
⑤	SPD	浪涌保护器			套	按需选型
⑥	QS	隔离开关			组	按需选型

图　例

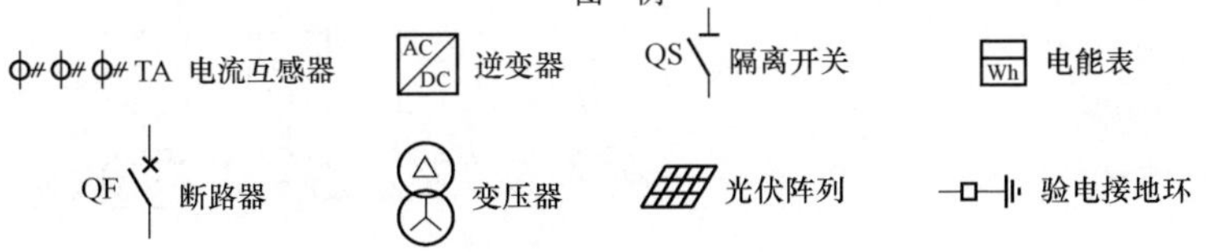

TA 电流互感器　逆变器　QS 隔离开关　电能表

QF 断路器　变压器　光伏阵列　验电接地环

图 10－1　10kV 直接接入站房间隔（间隔具备接入条件），不配置储能（GF10AC－ZJ－N）

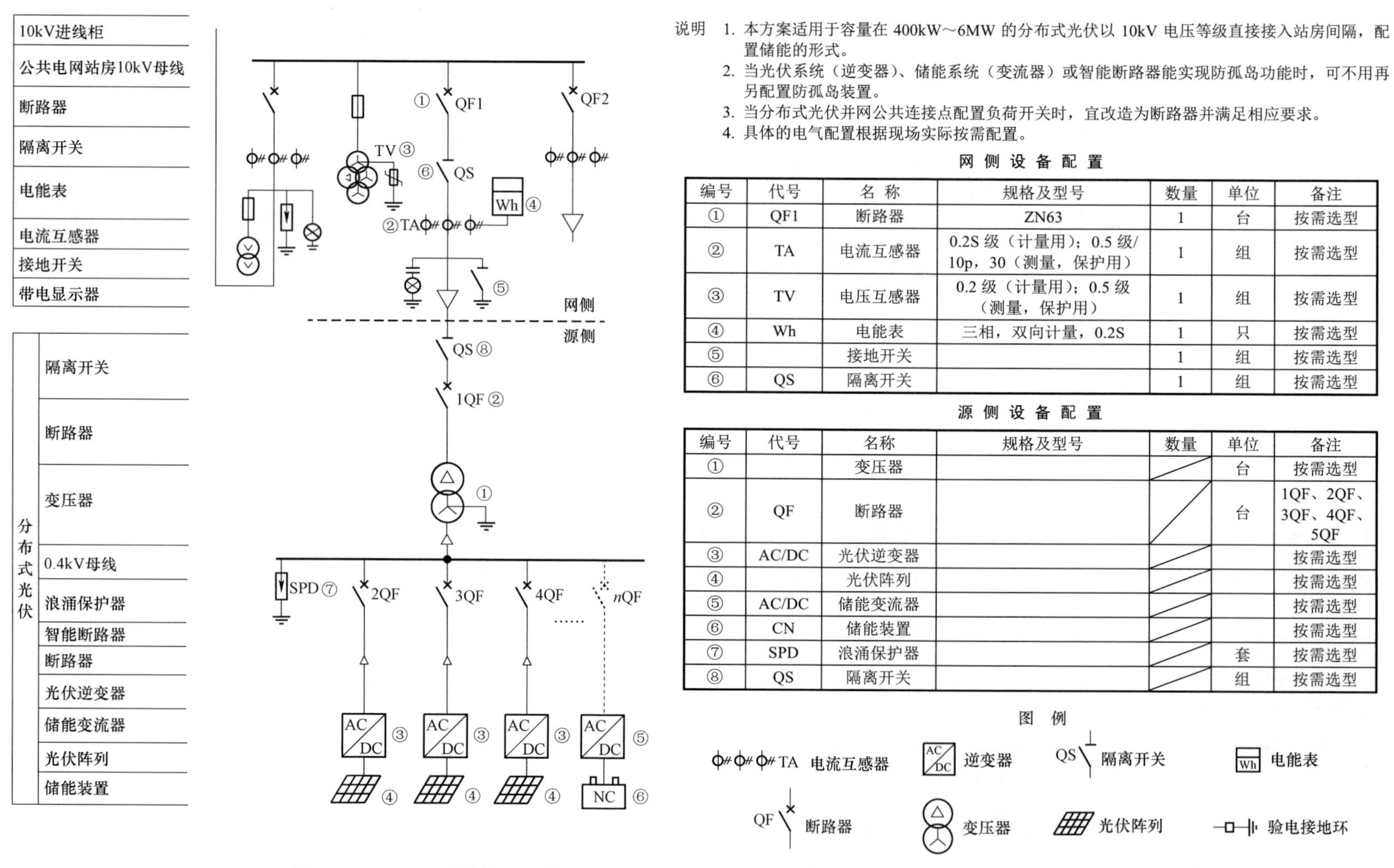

说明 1. 本方案适用于容量在 400kW～6MW 的分布式光伏以 10kV 电压等级直接接入站房间隔，配置储能的形式。
2. 当光伏系统（逆变器）、储能系统（变流器）或智能断路器能实现防孤岛功能时，可不用再另配置防孤岛装置。
3. 当分布式光伏并网公共连接点配置负荷开关时，宜改造为断路器并满足相应要求。
4. 具体的电气配置根据现场实际按需配置。

网 侧 设 备 配 置

编号	代号	名 称	规格及型号	数量	单位	备注
①	QF1	断路器	ZN63	1	台	按需选型
②	TA	电流互感器	0.2S 级（计量用）；0.5 级/10p，30（测量，保护用）	1	组	按需选型
③	TV	电压互感器	0.2 级（计量用）；0.5 级（测量，保护用）	1	组	按需选型
④	Wh	电能表	三相，双向计量，0.2S	1	只	按需选型
⑤		接地开关		1	组	按需选型
⑥	QS	隔离开关		1	组	按需选型

源 侧 设 备 配 置

编号	代号	名称	规格及型号	数量	单位	备注
①		变压器			台	按需选型
②	QF	断路器			台	1QF、2QF、3QF、4QF、5QF
③	AC/DC	光伏逆变器				按需选型
④		光伏阵列				按需选型
⑤	AC/DC	储能变流器				按需选型
⑥	CN	储能装置				按需选型
⑦	SPD	浪涌保护器			套	按需选型
⑧	QS	隔离开关			组	按需选型

图 10－2 10kV 直接接入站房间隔（间隔具备接入条件），配置储能（GF10AC－ZJ－C）

第 11 章 10kV 接入站房间隔出线典型设计方案

11.1 设 计 说 明

10kV 接入站房间隔出线典型设计方案为 GF10AC－JC。根据是否配置储能，分为两个子方案：子方案一为不配置储能时的设计方案，方案编号为 GF10AC－JC－N；子方案二为配置储能时的设计方案，方案编号为 GF10AC－JC－C。

11.2 设备（装置）技术要求

10kV 接入站房间隔出线典型设计方案设备（装置）技术要求与说明详见表 9－1。

11.3 功 能 要 求

11.3.1 系统继电保护及安全

（1）10kV 线路保护。分布式光伏线路发生短路故障时，线路保护能快速动作，瞬时跳开相应并网点断路器，满足全线故障时快速可靠切除故障的要求。

1）线路保护应适用于系统一次特性和电气主接线的要求。

2）线路两侧纵联保护配置与选型应相互对应，保护的软件版本应完全一致。

3）被保护线路在空载、轻载、满载等各种工况下，发生金属性和非金属性的各种故障时，线路保护应能正确动作。系统无故障、外部故障、故障转换、功率突然倒向以及系统操作等情况下保护不应误动。

4）在本线发生振荡时保护不应误动，振荡过程中再故障时，应保证可靠切除故障。

5）主保护整组动作时间不大于 20ms（不包括通道传输时间），返回时间不大于 30ms（从故障切除到保护出口接点返回）。

6）手动合闸或重合于故障线路上时，保护应能可靠瞬时三相跳闸。手动合闸或重合于无故障线路时应可靠不动作。

7）保护装置应具有良好的滤波功能，具有抗干扰和抗谐波的能力。在系统投切变压器、静止补偿装置、电容器等设备时，保护不应误动作。

8）需核实变电站侧备自投方案、相关线路的重合闸方案，要求根据防孤岛检测方案，提出调整方案。

9）分布式光伏电站线路接入变电站后，备自投动作时间须躲过光伏电站防孤岛检测动作时间。

10）10kV 公共电网线路投入自动重合闸时，应校核重合闸时间。

（2）对光伏侧配置要求。

1）线路保护。分布式光伏接入系统线路发生短路故障时，线路保护能快速动作，瞬时跳开断路器，满足全线故障时快速可靠切除故障的要求。

2）母线保护。若分布式光伏电站侧为线变组接线，经升压变后直接输出，不配置母线保护。分布式电源系统设有母线时，可不设专用母线保护，发生故障时可由母线有源连接元件的后备保护切除故障。如后备保护时限不能满足稳定要求，可相应配置保护装置，快速切除母线故障。

3）防孤岛保护。分布式光伏、储能系统（逆变器、变流器）必须具备快速检测孤岛且检测到孤岛后立即断开与电网连接的能力，其防孤岛方案应与继电保护配置、频率电压异常紧急控制装置配置和低电压穿越等相配合，时限上互相匹配，符合技术标准要求。

4）安全自动装置：

a. 分布式光伏接入系统的安全自动装置应该实现频率电压异常紧急控制功能，按照整定值跳开并网点断路器。

b. 分布式光伏 10kV 接入系统时，需在并网点设置安全自动装置；若分布式光伏侧 10kV 线路保护具备符合要求的低/过电压保护、低/过频率保护等故障解列功能，也可不配置独立的安全自动配置。

（3）安全防护。

1）按照“安全分区、网络专用、横向隔离、纵向认证”的基本原则，配置站内电力监控系统安全防护设备。

2）为了防止雷击感应影响二次设备安全及可靠性，全部金属物包括设备、机架、金属管道、电缆的金属铠装层、屏蔽层等均应单独与接地网可靠连接。

11.3.2 信息采集与控制

（1）信息采集。以10kV接入站房间隔出线的分布式光伏，应由馈线终端实时采集光伏并网开关信息，并能自动汇集后上传，主要包括开关量信息、电流、电压和发电量等信息。

（2）控制要求。以10kV接入站房间隔出线的分布式光伏应根据管理要求具备接受控制的功能，应通过馈线终端实现分布式光伏的控制。

（3）信息传输方式。10kV断路器将电压、电流、开关量等信息采集并上传至配电自动化主站。电能表计将电压、电流、电能量等信息采集并上传至用电信息采集系统。分布式光伏远动信息宜采用电力载波通信方式，也可采用RS485、微功率无线等方式；馈线终端至配电自动化主站和用电信息采集系统宜采用光纤、无线公网或专网方式。

11.3.3 系统通信

（1）光纤通信。结合各地电网整体通信网络规划，采用EPON技术、工业以太网技术、SDH/MSTP技术等多种光纤通信方式。

（2）中压电力线载波。当光伏电站专线接入的公用10kV环网室（箱）、配电室、开关站、箱式变压器、变电站已实现配电自动化改造时，在光伏电站拟接入公用10kV环网室（箱）、配电室、开关站、箱式变压器、变电站侧配置主载波机，光伏电站侧配置从载波机，主载波机依据线路结构对下进行载波组网，并通过载波通信方式将终端数据汇聚至主载波机，利用原有公用配电自动化通信网将光伏电站的通信、自动化等信息接入系统。

（3）无线方式。分布式电源接入可采用无线公网通信方式，但应采取信息安全防护措施。当有控制要求时，不应采用无线公网通信方式。无线公网的通信方式应满足Q/GDW 625《配电自动化建设与改造标准化设计技术规定》和Q/GDW 380.2《电力用户用

电信息采集系统管理规范　第二部分：通信信道建设管理规范》的相关规定，采取可靠的安全隔离和认证措施，支持用户优先级管理。

11.3.4　电能计量

（1）安装位置与要求。在产权分界点设置关口计量电能表（最终按用户与业主计量协议为准）。

（2）技术要求。电能计量装置的配置和技术要求应符合 DL/T 448《电能计量装置技术管理规程》和 DL/T 614《多功能电能表》的要求。电能表采用静止式多功能电能表，至少应具备双向有功和四象限无功计量功能、事件记录功能，配有标准通信接口，具备本地通信和通过电能信息采集终端远程通信的功能，电能表通信协议符合 DL/T 698.45《电能信息采集与管理系统　第 4－5 部分：通信协议——面向对象的数据交换协议》。10kV 关口计量电能表准确度等级应为有功 0.2S 级，无功 2.0 级，并且要求有关电流互感器、电压互感器的准确度等级需分别达到 0.2S、0.2 级。

11.4　边　界　条　件

11.4.1　接入容量

对于容量在 400kW～6MW 的分布式光伏，可以三相 10kV 中压交流形式接入公共电网或用户电网，并网点应根据消纳能力及周边电网情况进行灵活选择。

11.4.2 接入位置

接入位置为接入站房间隔出线。

11.4.3 储能配置

储能配置详见 3.4.3。

11.5 接入方案设计图

11.5.1 子方案一

子方案一为分布式光伏以 10kV 接入站房间隔出线，不配置储能的典型设计方案，接入方案设计图见图 11－1。

11.5.2 子方案二

子方案二为分布式光伏以 10kV 接入站房间隔出线，配置储能的典型设计方案，接入方案设计图见图 11－2。

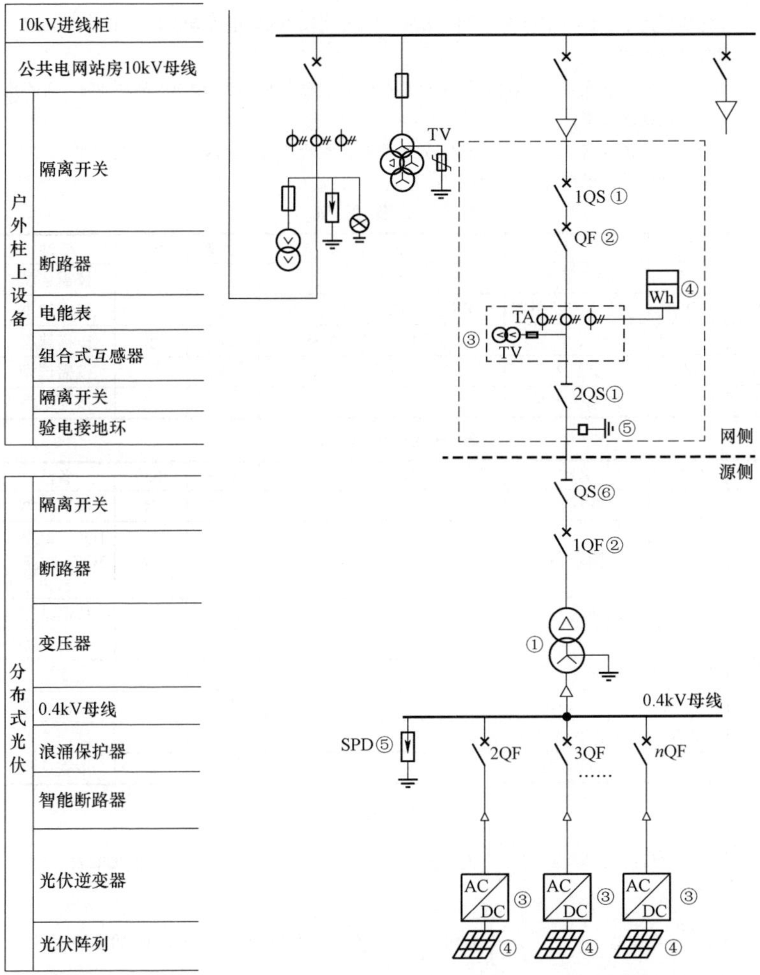

10kV进线柜

公共电网站房10kV母线

户外柱上设备：隔离开关、断路器、电能表、组合式互感器、隔离开关、验电接地环

分布式光伏：隔离开关、断路器、变压器、0.4kV母线、浪涌保护器、智能断路器、光伏逆变器、光伏阵列

TV　1QS①　QF②　Wh④　TA　③　TV　2QS①　⑤　网侧　源侧　QS⑥　1QF②　①　0.4kV母线　SPD⑤　2QF　3QF　……　nQF　AC/DC ③　④

说明 1. 本方案适用于容量在 400kW～6MW 的分布式光伏以 10kV 电压等级直接接入站房间隔，不配置储能的形式。

2. 当光伏系统（逆变器）或智能断路器能实现防孤岛功能时，可不用再另配置防孤岛装置。

3. 当分布式光伏并网公共连接点配置负荷开关时，宜改造为断路器并满足相应要求。

4. 具体的电气配置根据现场实际按需配置。

网 侧 设 备 配 置

编号	代号	名称	规格及型号	数量	单位	备注
①	QS	隔离开关	630A	2	组	按需选型
②	QF	户外真空断路器	ZW32－12－630，31.5	1	台	按需选型
③		组合式互感器	PT－0.2，CT－0.2S	1	组	按需选型
④	Wh	电能表	三相，双向计量，0.2S	1	只	按需选型
⑤	PE	验电接地环		1	组	按需选型

源 侧 设 备 配 置

编号	代号	名称	规格及型号	数量	单位	备注
①		变压器			台	按需选型
②	QF	断路器			台	1QF、2QF、3QF、4QF
③	AC/DC	光伏逆变器			台	按需选型
④		光伏阵列			台	按需选型
⑤	SPD	浪涌保护器			套	按需选型
⑥	QS	隔离开关			组	按需选型

图 例

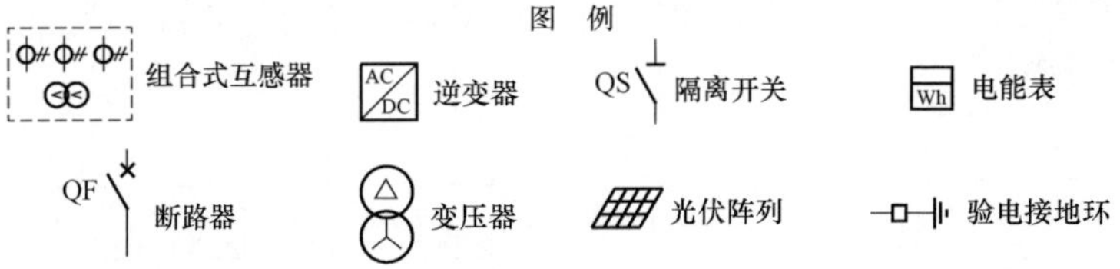

组合式互感器　逆变器　QS 隔离开关　电能表

QF 断路器　变压器　光伏阵列　验电接地环

图 11－1　10kV 接入站房间隔出线（间隔不具备接入条件），不配置储能（GF10AC－JC－N）

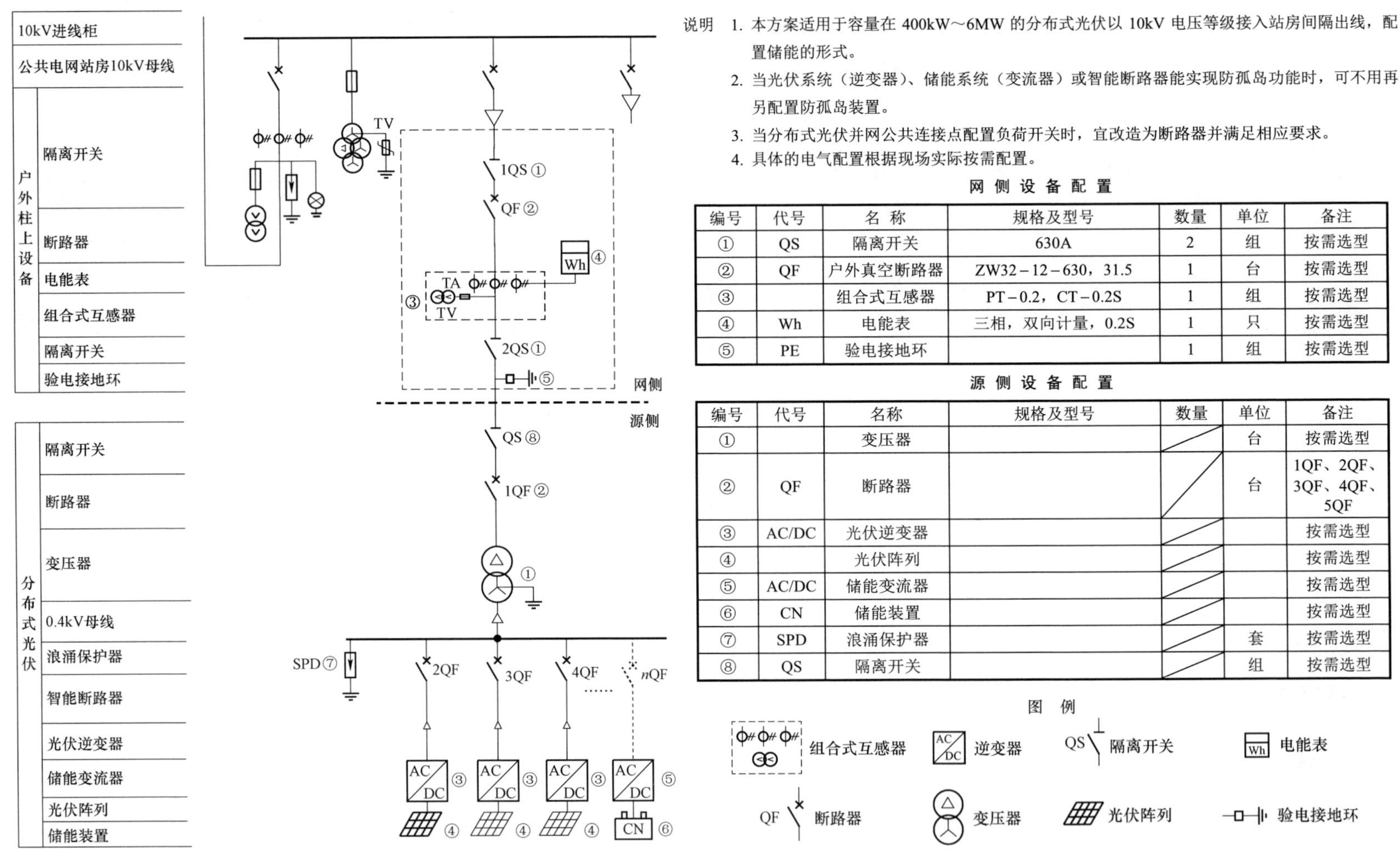

说明 1. 本方案适用于容量在400kW～6MW的分布式光伏以10kV电压等级接入站房间隔出线，配置储能的形式。

2. 当光伏系统（逆变器）、储能系统（变流器）或智能断路器能实现防孤岛功能时，可不用再另配置防孤岛装置。

3. 当分布式光伏并网公共连接点配置负荷开关时，宜改造为断路器并满足相应要求。

4. 具体的电气配置根据现场实际按需配置。

网 侧 设 备 配 置

编号	代号	名 称	规格及型号	数量	单位	备注
①	QS	隔离开关	630A	2	组	按需选型
②	QF	户外真空断路器	ZW32－12－630，31.5	1	台	按需选型
③		组合式互感器	PT－0.2，CT－0.2S	1	组	按需选型
④	Wh	电能表	三相，双向计量，0.2S	1	只	按需选型
⑤	PE	验电接地环		1	组	按需选型

源 侧 设 备 配 置

编号	代号	名称	规格及型号	数量	单位	备注
①		变压器			台	按需选型
②	QF	断路器			台	1QF、2QF、3QF、4QF、5QF
③	AC/DC	光伏逆变器				按需选型
④		光伏阵列				按需选型
⑤	AC/DC	储能变流器				按需选型
⑥	CN	储能装置				按需选型
⑦	SPD	浪涌保护器			套	按需选型
⑧	QS	隔离开关			组	按需选型

图11－2　10kV接入站房间隔出线（间隔不具备接入条件），配置储能（GF10AC－JC－C）

第 12 章 ±375V 接入直流线路典型设计方案

12.1 设 计 说 明

±375V 接入直流线路典型设计方案为 GF±375DC－T。根据是否配置储能，分为两个子方案：子方案一为不配置储能时的设计方案，方案编号为 GF±375DC－T－N；子方案二为配置储能时的设计方案，方案编号为 GF±375DC－T－C。

12.2 设备（装置）技术要求

±375V 接入直流线路典型设计方案的设备（装置）技术要求与说明见表 12－1。

表 12－1 ±375V 接入直流线路典型设计方案的设备（装置）技术要求与说明

设备（装置）名称	型号	要求
隔离开关		按需选型

续表

设备（装置）名称	型号	要求
直流断路器	DC750V，800A	按需选型
电能表（直流）	双向计量，0.5 级	按需选型
电流互感器	0.5 级	按需选型
接地装置		按需选型

12.3 功 能 要 求

12.3.1 系统继电保护及安全

（1）分布式电源的继电保护及安全自动装置配置应满足可靠性、选择性、灵敏性和速动性的要求，应以保证公共电网的可靠性为原则，兼顾分布式光伏的运行方式，采取合理的保护方案，分布式光伏切除时间应符合线路保护、重合闸、备自投等配合要求。直流（±375V）电压等级接入直流线路时，直流并网点断路器应具备过电流保护功能且能分断正向与反向电流，宜配置低压直流母线保护。当采用柔性直流系统时，应配置绝缘监测及漏电流保护功能，实时监测直流单极接地故障。

（2）为防止雷击感应影响二次设备安全及可靠性，全部金属物包括设备、机架、金属管道、电缆的金属铠装层等均应单独与接地干网可靠连接，宜采用适配±375V 电压等级的直流线路浪涌保护器。

（3）直流接入无需配置无功设备。

（4）直流接入电力电子变换器应与防孤岛装置间具备操作闭锁功能。

12.3.2　信息采集与控制

（1）信息采集。可通过台区智能融合终端实时采集直流断路器和电能表信息，并能自动汇集后上传，主要包括开关量信息、电流、电压和发电量等信息。

（2）控制要求。以直流接入的分布式光伏可参照交流接入台区的分布式光伏控制方式及要求。光伏直流并网变换器应具备功率控制、直流电压控制、过欠电压/过电流保护、故障告警及恢复并网等功能。

（3）信息传输方式。直流断路器可将电压、电流、开关量等信息采集并上传至台区智能融合终端，并由台区智能融合终端转发至配电自动化主站。电能表计可将电压、电流、电能量等信息采集并上传至台区智能融合终端，并由台区智能融合终端转发至用电信息采集系统。分布式光伏远动信息至台区智能融合终端宜采用电力载波通信方式，也可采用 RS485、微功率无线等方式；智能融合终端至配电自动化主站和用电信息采集系统宜采用光纤、无线公网或专网方式。

12.3.3　系统通信

（1）光纤通信。根据敷设条件，可采用 ADSS 光缆、OPGW 光缆、管道光缆等。

（2）无线方式。方式灵活，可采用微功率无线、Lora 等本地通信，无线公网/专网远程通信（宜支持 5G），当有控制要求时，不应采用无线公网通信方式。

（3）串口、以太网。用于柔性互联装置与分布式光伏、台区智能融合终端通信。

12.3.4 电能计量

（1）安装位置与要求。在产权分界点设置关口计量电能表（最终按用户与业主计量协议为准）。

（2）技术要求。电能计量装置的配置和技术要求应符合 DL/T 448《电能计量装置技术管理规程》和 DL/T 614《多功能电能表》的要求，具备本地通信和通过电能信息采集终端远程通信的功能，电能表通信协议符合 DL/T 698.45《电能信息采集与管理系统　第 4－5 部分：通信协议——面向对象的数据交换协议》。±375V 直流的关口计量点电能表准确度等级不应低于 0.5 级，电压互感器的准确度等级不应低于 0.2 级，电流互感器准确度等级不应低于 0.5 级。

12.4 边界条件

12.4.1 接入容量

对于容量在 100～500kW 的分布式光伏可以±375V 直流形式接入公共电网，并网点应根据消纳能力及周边电网情况进行灵活选择。

12.4.2 接入位置

接入位置为直流线路。

12.4.3　储能配置

储能配置详见 3.4.3。

12.5　接入方案设计图

12.5.1　子方案一

子方案一为分布式光伏以±375V 接入直流线路，不配置储能的典型设计方案，接入方案设计图见图 12－1。

12.5.2　子方案二

子方案二为分布式光伏以±375V 接入直流线路，配置储能的典型设计方案，接入方案设计图见图 12－2。

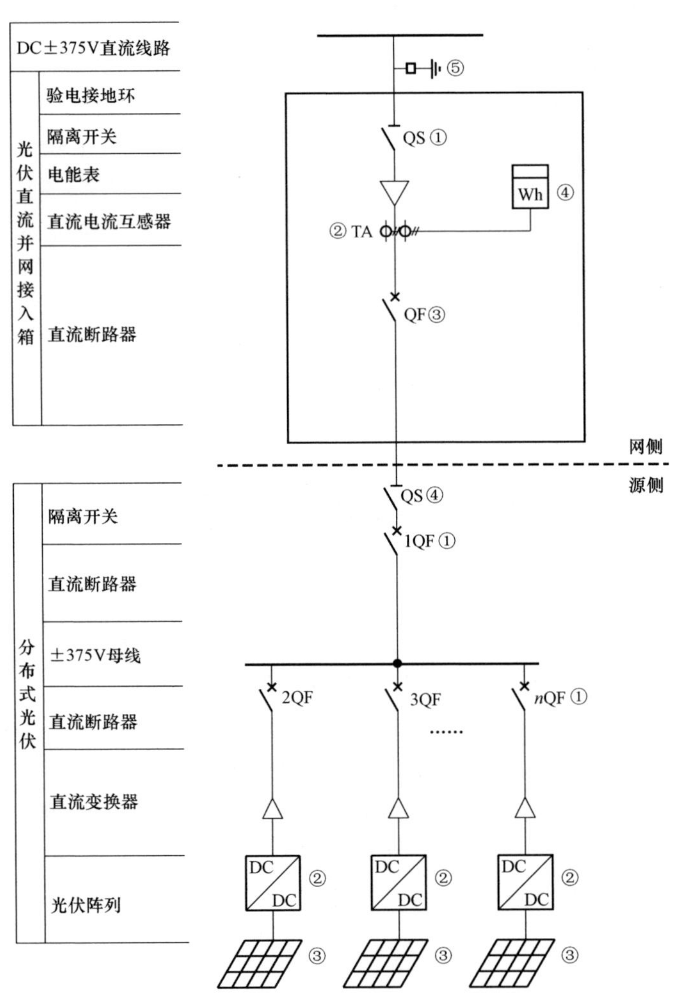

说明 1. 本方案适用于容量小于 500kW 的分布式光伏采用直流±375V 的电压等级 T 接入直流线路，不配置储能的形式。

2. 当光伏系统（变换器）或直流断路器能实现防孤岛功能时，可不用再另配置防孤岛装置。

3. 当分布式光伏并网公共连接点配置负荷开关时，宜改造为断路器并满足相应要求。

4. 具体的电气配置根据现场实际按需配置。

网 侧 设 备 配 置

编号	代号	名称	规格及型号	数量	单位	备注
①	QS	隔离开关		1	组	按需选型
②	TA	电流互感器	0.5	1	组	按需选型
③	QF	断路器	DC 750V，800A	1	台	按需选型
④	Wh	直流电能表	双向计量 0.5	1	只	按需选型
⑤	PE	验电接地环		1	组	按需选型

源 侧 设 备 配 置

编号	代号	名称	规格及型号	数量	单位	备注
①	4QF	直流断路器			台	1QF、2QF、3QF
②	DC/DC	直流变换器			台	按需选型
③		光伏阵列			台	按需选型
④	QS	隔离开关			组	按需选型

图 例

TA 直流电流互感器　直流变换器　QS 隔离开关　电能表

QF 断路器　光伏阵列　储能装置　验电接地环

图 12－1　±375V 接入直流线路，不配置储能（GF±375DC－T－N）

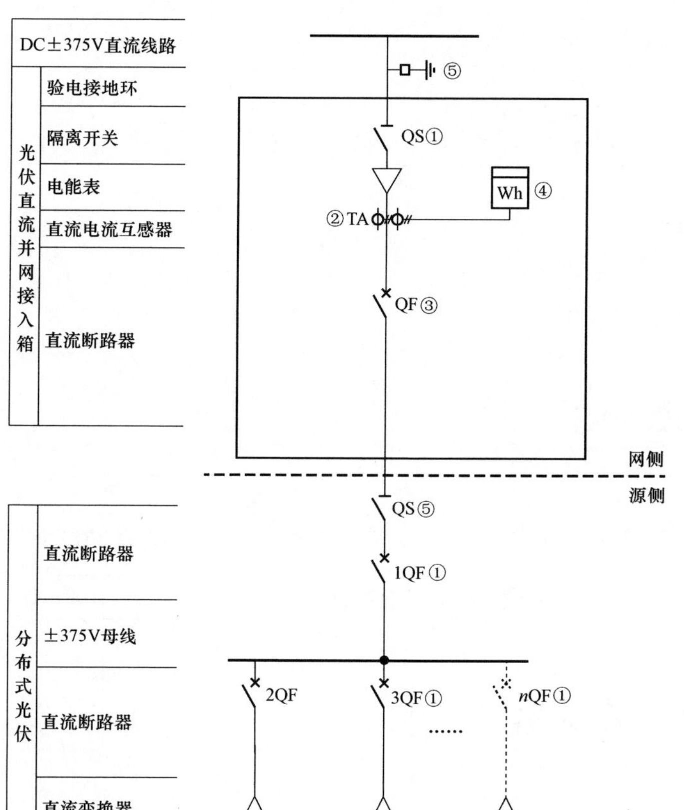

说明 1. 本方案适用于容量小于 500kW 的分布式光伏采用直流±375V 的电压等级 T 接入直流线路，配置储能的形式。

2. 当光伏系统（变换器）、储能系统（双向变换器）或直流断路器能实现防孤岛功能时，可不用再另配置防孤岛装置。

3. 当分布式光伏并网公共连接点配置负荷开关时，宜改造为断路器并满足相应要求。

4. 具体的电气配置根据现场实际按需配置。

网 侧 设 备 配 置

编号	代号	名称	规格及型号	数量	单位	备注
①	QS	隔离开关		1	组	按需选型
②	TA	电流互感器	0.5	1	组	按需选型
③	QF	断路器	DC 750V，800A	1	台	按需选型
④	Wh	直流电能表	双向计量 0.5	1	只	按需选型
⑤	PE	验电接地环		1	组	按需选型

源 侧 设 备 配 置

编号	代号	名称	规格及型号	数量	单位	备注
①	4QF	直流断路器			台	1QF、2QF、3QF
②	DC/DC	直流变换器			台	按需选型
③		光伏阵列			台	按需选型
④	CN	储能装置			套	按需选型
⑤	QS	隔离开关			组	按需选型

图 例

TA 直流电流互感器　DC/DC 直流变换器　QS 隔离开关　Wh 电能表

QF 断路器　光伏阵列　CN 储能装置　验电接地环

图 12-2 ±375V 接入直流线路，配置储能（GF±375DC-T-C）

第 13 章
±375V 接入直流母线典型设计方案

13.1　设　计　说　明

±375V 接入直流母线典型设计方案为 GF±375DC－Z。根据是否配置储能，分为两个子方案：子方案一为不配置储能时的设计方案，方案编号为 GF±375DC－Z－N；子方案二为配置储能时的设计方案，方案编号为 GF±375DC－Z－C。

13.2　设备（装置）技术要求

±375V 接入直流母线典型设计方案的设备（装置）技术要求与说明详见表 12－1。

13.3　功　能　要　求

13.3.1　系统继电保护及安全

（1）分布式电源的继电保护及安全自动装置配置应满足可靠性、选择性、灵敏性和速动性的要求，应以保证公共电网的可靠性为原则，兼顾分布式光伏的运行方式，采取合理的保护方案，分布式光伏切除时间应符合线路保护、重合闸、备自投等配合要求。直流（±375V）电压等级接入时，直流并网点断路器应具备过电流保护功能且能分断正向与反向电流，宜配置低压直流母线保护。当采用柔性直流系统时，应配置绝缘监测及漏电流保护功能，实时监测直流单极接地故障。

（2）为防止雷击感应影响二次设备安全及可靠性，全部金属物包括设备、机架、金属管道、电缆的金属铠装层等均应单独与接地干网可靠连接，宜采用适配±375V 电压等级的直流线路浪涌保护器。

（3）直流接入无需配置无功设备。

（4）直流接入电力电子变换器应与防孤岛装置间具备操作闭锁功能。

13.3.2　信息采集与控制

（1）信息采集。可通过台区智能融合终端实时采集直流断路器和电能表信息，并能自动汇集后上传，主要包括开关量信息、电流、电压和发电量等信息。

（2）控制要求。以直流接入的分布式光伏可参照交流接入台区的分布式光伏控制方式及要求。光伏直流并网变换器应具备功率控制、直流电压控制、过欠电压/过电流保护、故障告警及恢复并网等功能。

（3）信息传输方式。直流断路器可将电压、电流、开关量等信息采集并上传至台区智能融合终端，并由台区智能融合终端转发至配电自动化主站。电能表计可将电压、电流、电能量等信息采集并上传至台区智能融合终端，并由台区智能融合终端转发至用电信息采集系统。分布式光伏远动信息至台区智能融合终端宜采用电力载波通信方式，也可采用RS485、微功率无线等方式；智能融合终端至配电自动化主站和用电信息采集系统宜采用光纤、无线公网或专网方式。

13.3.3 系统通信

（1）光纤通信。根据敷设条件，可采用ADSS光缆、OPGW光缆、管道光缆等。

（2）无线方式。方式灵活，可采用微功率无线、Lora等本地通信，无线公网/专网远程通信（宜支持5G），当有控制要求时，不应采用无线公网通信方式。

（3）串口、以太网。用于柔性互联装置与分布式光伏、台区智能融合终端通信。

13.3.4 电能计量

（1）安装位置与要求。在产权分界点设置关口计量电能表（最终按用户与业主计量协议为准）。

（2）技术要求。电能计量装置的配置和技术要求应符合DL/T 448《电能计量装置技术管理规程》和DL/T 614《多功能电能表》

的要求，具备本地通信和通过电能信息采集终端远程通信的功能，电能表通信协议符合 DL/T 698.45《电能信息采集与管理系统 第 4－5 部分：通信协议——面向对象的数据交换协议》。±375V 直流的关口计量点电能表准确度等级不应低于 0.5 级，电压互感器的准确度等级不应低于 0.2 级，电流互感器准确度等级不应低于 0.5 级。

13.4 边 界 条 件

13.4.1 接入容量

对于容量在 100～500kW 的分布式光伏可以±375V 直流形式接入直流母线，并网点应根据消纳能力及周边电网情况进行灵活选择。

13.4.2 接入位置

接入位置为直流母线。

13.4.3 储能配置

储能配置详见 3.4.3。

13.5 接入方案设计图

13.5.1 子方案一

子方案一为分布式光伏以±375V 接入直流母线，不配置储能的典型设计方案，接入方案设计图见图 13－1。

13.5.2 子方案二

子方案二为分布式光伏以±375V 接入直流母线，配置储能的典型设计方案，接入方案设计图见图 13－2。

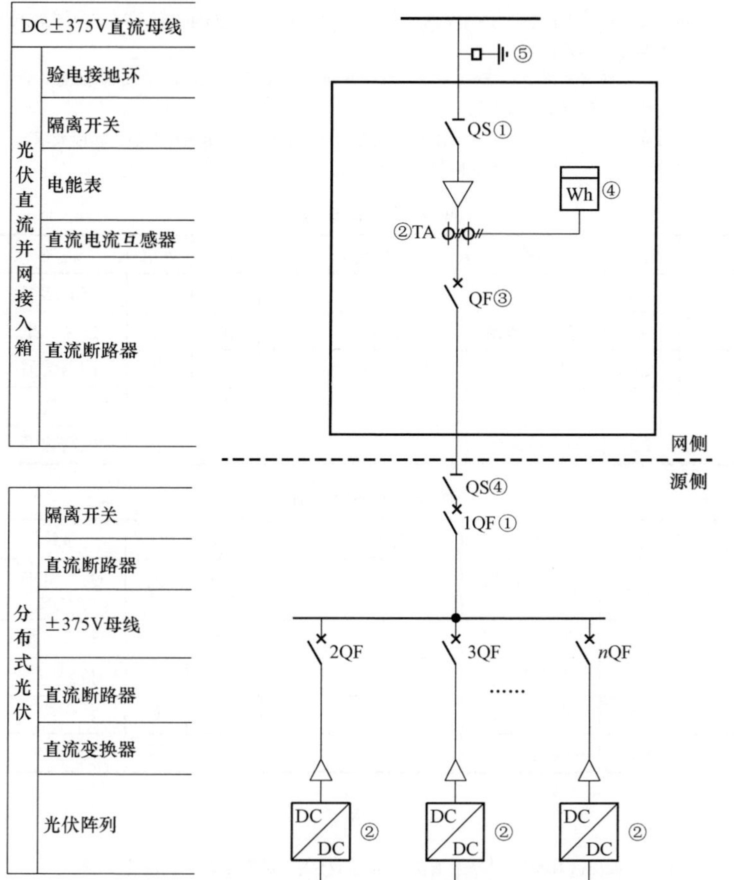

说明　1. 本方案适用于容量小于 500kW 的分布式光伏采用直流±375V 的电压等级接入直流母线，不配置储能的形式。
2. 当光伏系统（变换器）或直流断路器能实现防孤岛功能时，可不用再另配置防孤岛装置。
3. 当分布式光伏并网公共连接点配置负荷开关时，宜改造为断路器并满足相应要求。
4. 具体的电气配置根据现场实际按需配置。

网 侧 设 备 配 置

编号	代号	名称	规格及型号	数量	单位	备注
①	QS	隔离开关		1	组	按需选型
②	TA	电流互感器	0.5	1	组	按需选型
③	QF	断路器	DC 750V，800A	1	台	按需选型
④	Wh	直流电能表	双向计量 0.5	1	只	按需选型
⑤	PE	验电接地环		1	组	按需选型

源 侧 设 备 配 置

编号	代号	名称	规格及型号	数量	单位	备注
①	4QF	直流断路器			台	1QF、2QF、3QF
②	AC/DC	直流变换器			台	按需选型
③		光伏阵列			台	按需选型
④	QS	隔离开关			组	按需选型

图　例

TA 直流电流互感器　直流变换器　QS 隔离开关　电能表
QF 断路器　光伏阵列　CN 储能装置　验电接地环

图 13－1　±375V 接入直流母线，不配置储能（GF±375DC－Z－N）

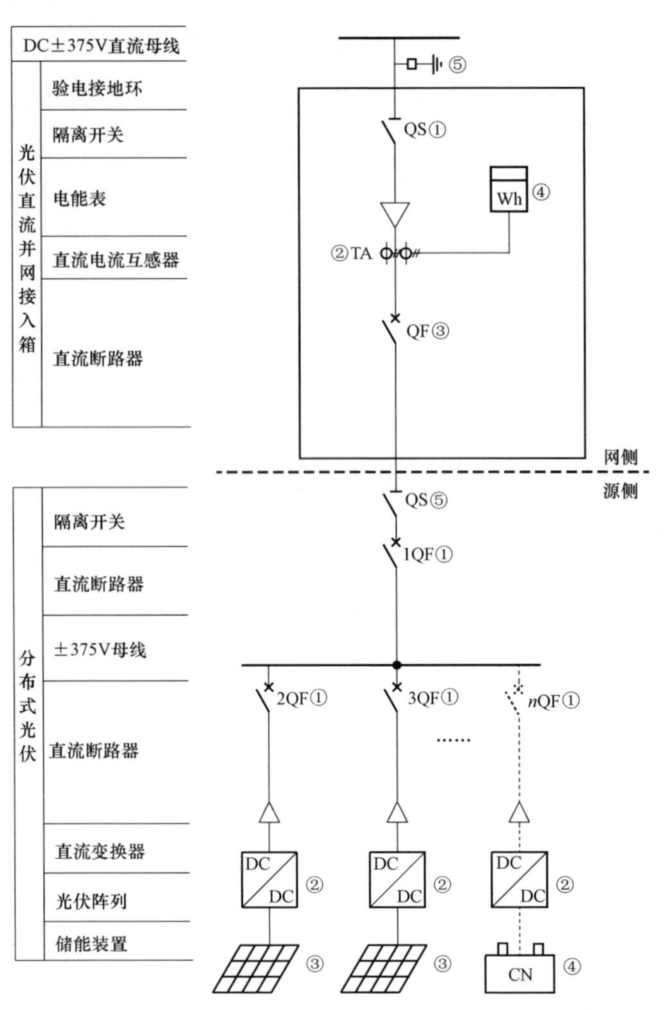

说明 1. 本方案适用于容量小于500kW的分布式光伏采用直流±375V的电压等级接入直流母线，配置储能的形式。

2. 当光伏系统（变换器）、储能系统（双向变换器）或直流断路器能实现防孤岛功能时，可不用再另配置防孤岛装置。

3. 当分布式光伏并网公共连接点配置负荷开关时，宜改造为断路器并满足相应要求。

4. 具体的电气配置根据现场实际按需配置。

网 侧 设 备 配 置

编号	代号	名称	规格及型号	数量	单位	备注
①	QS	隔离开关		1	组	按需选型
②	TA	电流互感器	0.5	1	组	按需选型
③	QF	断路器	DC 750V，800A	1	台	按需选型
④	Wh	直流电能表	双向计量 0.5	1	只	按需选型
⑤	PE	验电接地环		1	组	按需选型

源 侧 设 备 配 置

编号	代号	名称	规格及型号	数量	单位	备注
①	4QF	直流断路器			台	1QF、2QF、3QF
②	DC/DC	直流变换器			台	按需选型
③		光伏阵列			台	按需选型
④	CN	储能装置			套	
⑤	QS	隔离开关			组	

图 例

TA 直流电流互感器　DC/DC 直流变换器　QS 隔离开关　Wh 电能表

QF 断路器　光伏阵列　CN 储能装置　验电接地环

图13－2　±375V接入直流母线，配置储能（GF±375DC－Z－C）